小达尔文
自然科学馆
①

物种起源

物种神奇进化

〔英〕查尔斯·达尔文 著 王晨 译

中国妇女出版社

图书在版编目（CIP）数据

物种起源. 物种神奇进化 /（英）查尔斯·达尔文（Charles Darwin）著；王晨译. -- 北京：中国妇女出版社，2017.4

（小达尔文自然科学馆 / 马丽主编）

ISBN 978-7-5127-1396-3

Ⅰ. ①物… Ⅱ. ①查… ②王… Ⅲ. ①物种起源—达尔文学说—青少年读物 Ⅳ. ①Q111.2-49

中国版本图书馆CIP数据核字（2017）第037511号

物种起源——物种神奇进化

作　　者：〔英〕查尔斯·达尔文 著 王晨 译
策划编辑：应莹
责任编辑：王琳
封面设计：尚世视觉
责任印制：王卫东
出版发行：中国妇女出版社
地　　址：北京市东城区史家胡同甲24号　　邮政编码：100010
电　　话：（010）65133160（发行部）　　65133161（邮购）
网　　址：www.womenbooks.cn
法律顾问：北京天达共和律师事务所
经　　销：各地新华书店
印　　刷：北京中科印刷有限公司
开　　本：170×235　1/16
印　　张：17.5
字　　数：250千字
版　　次：2017年4月第1版
印　　次：2018年4月第3次
书　　号：ISBN 978-7-5127-1396-3
定　　价：36.00元

写给热爱自然科学的小学者

生物——这个地球上的有机体，为大千世界增添了无限的可能与美。在已知的宇宙领域里，没有一个星球能像地球一样有这么复杂的生物群体，所以地球可谓宇宙中的一个小小的奇迹之地。那么，地球上的生物究竟从何而来？160年前，一个英国人出版了一部著作，试图解开这个困扰了人类好几个世纪的谜题。这个人就是查尔斯·达尔文，这部著作就是你将要阅读的《物种起源》。

1809年，达尔文出生在英国一个中产阶级家庭，父亲是有名的医生，母亲是大富翁韦奇伍德的千金。虽幼年丧母，但总的来说，达尔文的童年过得衣食无忧，十分快乐，这使他有时间和条件去研究自己喜欢的动植物。父亲希望他子承父业，达尔文16岁的时候被送到爱丁堡大学学习医学。可是，达尔文不喜欢医学尤其是外科学，反而迷上了生物学，经常跟着生物老师罗伯特·格兰特研究软体动物。两年后，达尔文从爱丁堡退学，想在生物学领域进行更深入的研究。这遭到了父亲的强烈反对，于是达尔文又到剑桥大学学习神学。在剑桥学习期间，达尔文遇到了两位对自己未来发展影响很大的老师——植物学家亨斯娄和地质学家塞奇维克。前者在达尔文从剑桥毕业以后，推荐他以博物学者的身份到“小猎犬”号上进行随船旅行。在历时5年的航行中，达尔文收获颇丰，物种起源的原理也在他脑海中初具雏形。

1838年，达尔文阅读了对他的理论产生了极大影响的《人口论》。该书的作者马尔萨斯指出，人口数量的增长是十分迅速的，但是无论是吃的还是用的，这些人类赖以生存的物质基础的增长却是极为缓慢的。因此，宏观调控人口的一个有效手段，就是物质基础的限制，即饥荒、疾病等非人为因素。这个结论与达尔文在自然界观察到的现象是如此接近，完全可以运用到达尔文的理论中来。达尔文据此便得出了人类史上关于物种起源的第一个理论——**自然选择**。

什么是自然选择

那么，什么是自然选择呢？要想弄明白这个原理，我们首先要了解，世界上的所有生物要想生存下去，就要想办法适应周围的环境，并从其他竞争者中脱颖而出，成为胜利的一方。在激烈的生存斗争中，生物只有发生有利生存的变化和繁衍继承了这一变化的后代，才能更好地适应竞争的需要。这个变化就是**变异**，而繁衍能继承变异的后代就是**遗传**。通过变异与遗传，物种发生了进化并被保留下来，甚至还会排挤掉相似物种，成为生存的胜利者。当上述过程不断重复时，经过上亿年的发展，有些物种消失了，有些物种不断进化，发展出千变万化的后代，形成我们现在所看到的**物种多样性**。这就是自然选择——**物竞天择，适者生存**。

要想证明自然选择学说可不是一件容易的事，因为自然选择的过程是十分缓慢的，没有人可以活上亿年，去观察某一物种的演化过程。但是，聪明的达尔文用从家养动植物中观察到的与之相似的现象，即人工选择下动植物的性状变化，以及自己多年来对自然环境下物种多样性的观察，结合证明自然选择学说的合理性。最后，达尔文得出**“所有生物都来源于同一祖先”**的物种起源结论。

世间万物都是由共同祖先进化而来

为什么世间万物都是由共同祖先进化而来的呢？要想解释这个问题，就要来看看达尔文著名的树形进化理论了。达尔文先假设很久以前有一个物种A，后来经过生存斗争和自然选择，该物种必然会产生一些微小的变异并遗传给后代。又经过数代的遗传和变异，这些微小变异逐渐积累成一个很大的变异，使这个后代与祖代A之间有着很大的差别，于是一个新物种诞生了。就这样，一代又一代，不断进化着，最终产生了各种各样的后代。这就好比一棵小树苗，刚开始只有一个主干，后来逐渐分叉，越分越多，最后形成一个有着巨大树冠的大树。由此可见，这棵大树的根部——物种A，是这棵树上所有分支的共同祖先。

达尔文在阐述自己的理论时，毫不避讳地承认有一些问题不断困扰着他，使他不能反驳那些质疑他理论的人。纵观全书，困扰达尔文的主要有两个方面：**遗传学方面的不确定性和中间过渡型的消失**。达尔文所处的时代，遗传学还刚刚起步，所以在讲述遗传与变异的时候，遇到特殊情况和具体产生的原因，达尔文还只能进行假设。随着遗传学的发展，基因研究证实了很多达尔文当年的假设，也进一步肯定了达尔文学说的科学性。对于中间过渡型的缺失，达尔文寄希望于后人能够发现更多的中间过渡类型的化石，但是这个愿望至今仍没有实现。这也成为现代人质疑达尔文学说的一个关键点。

物种起源学说的魅力

我们能就此完全否定达尔文的物种起源学说吗？至少现在，达尔文理论还是世界上唯一一个能站稳脚跟的进化论。其实，《物种起源》刚出版的时候，便引发了无数的讨论和争执，达尔文的后半生也一直在为这本书补充各种论述和相关证据。读这本书的最大目的，就是感受达尔文推测的大胆性和理论性，阐述问题的严谨性和逻辑性，以及他孜孜不倦修订文本的精神。这些无不显示出该书的魅力——虽然不完美，却有着无限可能，等待着我们去发现、去探索。

可以说，达尔文的物种进化思想是科学精神的最好体现。为了更好地学习自然科学知识，理解达尔文进化论思想，学习运用科学的思维方法思考问题，我们将达尔文的经典自然科学著作《物种起源》进行重新编排梳理，推出了《物种起源・物种神奇进化》《物种起源・大自然的谜题》《物种起源・地质大变迁》3册，和《“小猎犬”号科学考察记》集结成“小达尔文自然科学馆”丛书。

由于达尔文在著作中使用了大量的自然科学专业术语，我们为了降低阅读难度，提高小读者的阅读兴趣，专门设计了“动物界”和“植物界”分类学图表以及“地质年代与生物演化阶段对比表”作为基础阅读知识补充。同时，书中还添加了大量的生物学、人文知识的注释和图片作为解说，希望能让你在阅读科学名著的同时有更大的收获。

纵观地球的发展历程，达尔文无疑是一个让后人铭记的独特存在。在他笔下，“物种起源”这棵在进化论发展史上顽强生长着的大树，拥有不可替代的标志作用，为后来的学术发展提供了不可撼动的根基。下面，就请你来亲自感受一下达尔文著作的魅力吧！

编者

2017年2月

目 录 Contents

Chapter 2 自然状况下的变异

Chapter 3 生存斗争

Chapter 4 自然选择

绪 论

关于《物种起源》

“物种起源”曾被我们伟大的哲学家看成极其神秘的问题。1831年，我有幸以博物学者身份，搭乘皇家军舰“小猎犬”号旅行。在旅途中，我见到不少令自己震惊的事实，它们都可以为解答物种的起源提供线索。这些事实与生物地理分布、现存物种和古代物种的地质关系息息相关。

> “小猎犬”号：也有将其译为“贝格尔”号的，因为“贝格尔”的意思就是“小猎犬”。达尔文参与的是“小猎犬”号的第二次航行，历时近5年。“小猎犬”号从英国出发，穿越北大西洋到达南美洲，并沿东海岸航行考察，又绕过最南端的合恩角进入南太平洋，之后沿西岸进行考察。然后，“小猎犬”号驶向加拉帕戈斯群岛，再到达澳大利亚的悉尼，并沿着澳大利亚的南岸行驶到霍巴特进入印度洋，绕道非洲的好望角进入北大西洋回英国。

5年后，我回到祖国。这时，我脑海中已经产生了一个想法：如果我耐心地收集和思考这些相关事实，也许我能从中发现物种起源的奥秘。随后，我开始潜心研究，草拟了一些简短的札记。1844年，我将札记扩充为一篇纲要，以表述我认为确实的结论。从那时到现在，我始终致力于研究这一问题。希望广大读者能够谅解我上述翔实的介绍，因为这些可以证明我在书陈述的结论并不是草率得出的。

到了1859年，我的工作即将结束，但是全部完成可能还需要两三年甚至更长的时间。由于我的身体状况越来越差，于是在朋友的劝说下，我决定先发表这篇摘要。另外还有一个重要的原因：华莱士先生在对马来群岛自然史的研究中，得出了与我的观点基本一致的结论。

华莱士先生曾寄给我一份有关物种起源的文章，委托我转给查尔斯·莱伊尔爵士。而莱伊尔爵士又将此文推荐给林奈学会，并在该会第三卷会报上发表。莱伊尔爵士与胡克博士都了解我目前所从事研究的内容，胡克还曾经读过我1844年所写的纲要。于是，他们两人就建议我从原稿中选取一些提要，与华莱士先生的优秀文章一同发表。

我现在发表的这个提要，一定有着不完善之处。对于有些观点，我不能给出参考资料与学术权威证明，但同时我又期望读者对我的论述能够给予一些信任。虽然对于此问题的研

阿尔弗雷德·罗素·华莱士（1823～1913），英国博物学家、探险家、地理学家、人类学家与生物学家。他因和达尔文共同发表“自然选择”理论而闻名。1854年3月，华莱士前往马来群岛，他在这些海岛之间考察了8年，共计完成4万多里的旅程和六七十旅次，总共采集生物标本12万余件。著有《马来群岛自然考察记》等。

马来群岛：位于亚洲东南部太平洋与印度洋之间辽阔的海域上。

查尔斯·莱伊尔（1797～1875），英国地质学家，地质学鼻祖，地质学“渐进论”和“将今论古”的现实主义方法奠基人，“均变说”的重要论述者。在地质学发展史上，其曾做出过卓越的贡献。

林奈学会：林奈指卡尔·冯·林奈（1707～1778），瑞典博物学家，创立了动植物分类系统和动植物的命名法——双名法，为现代分类学奠定了基础。为了纪念林奈的杰出成就，18世纪英国伦敦成立了林奈学会。

约瑟夫·道尔顿·胡克（1817～1911），英国著名植物学家，是达尔文的密友。他曾到南极、印度、北美、北非等多地进行考察，研究过美洲及亚洲植物的关系，证明进化论对植物学的实用价值。

究，我尽量做到严密地思考、讨论，但是仍不可避免地会有错误出现。另外，我会使用一些事实来例证我所提出的结论，希望这些实例足以证明问题。以后，我一定会把所有实例、参考文献详细地记录发表，因为没有人比我更能体会这样做的必要性了。我希望在将来的某一著作中能完成这部分内容，因为我确切地意识到，只有充分叙述和比较每一个问题的正反两方面的事实和论据，才能获得公平的结论，而这是我在此做不到的。

很遗憾的是，碍于篇幅有限，在此我不能充分地对那些曾帮助过我的博物学者表达感激之情，甚至他们中的一些人与我并不相识。但借此机会，我一定要对胡克博士深表谢意。这15年来，他凭借着大量的知识储备和优秀的判断能力，尽其所能地在各个方面给予我帮助。

探究物种起源

关于物种起源，可以想象，当一个博物学家仔细思考生物的相互亲缘关系、胚胎关系、地理分布、地质演化以及其他的一些元素时，他肯定会得出这样一个结论：每一个物种和其变种都不是独立创造出来的，而是从其他物种遗传下来的。然而，即使对这个结论给出充足的证据，却仍不能令人信服。除非我能说明这个世界上无数物种是如何发生的变异，形成如此让我们震撼的完

变种：生物分类学上指物种以下的分类单位，在特征方面与原种有一定区别，并有一定的地理分布。

变异：亲代与子代、子代与子代间的差异叫作变异。变异是生物繁殖后代的自然现象。后文中有作者对此现象的解读。

斑啄木鸟

啄木鸟：隶属于脊索动物门，鸟纲，䴕形目。脚为对趾型，有利于其攀在树干上。嘴形似凿，利于捕捉树皮下栖居的害虫，如天牛幼虫等。尾巴上的羽毛坚硬而富有弹性，能起到很好的支撑作用。啄木鸟是著名的森林益鸟，有“森林医生”的美名。我国常见种类有斑啄木鸟等。

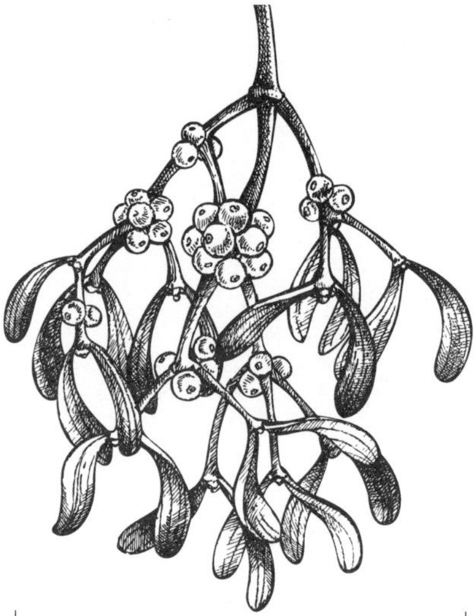

槲寄生：隶属于被子植物门，双子叶植物纲，檀香目，槲寄生科，是一种半寄生灌木，既需要从寄主植物上吸取水分和无机物，又通过光合作用制造养分来生存，所以对寄主植物有害。在我国，槲寄生多分布于东北、华北、华中地区，茎叶可供药用。

美结构和相互适应性的。

博物学家始终认为，外界条件是导致变异的唯一可能原因，例如气候、食物等，这些我在后面会具体讨论。从某个角度来说，这个观点可能是正确的。但是，将所有变异都归结于外界条件又是不合理的。如啄木鸟，它的脚、尾、喙、舌等结构都十分适合捕捉树皮下的昆虫。再例如一种植物——槲寄生，它需要从其他植物体内吸取水和无机盐。槲寄生属于雌雄异花，要借助某些昆虫完成传粉，同时它的种子必须依靠某几种鸟类来传播。若我们只用外界条件或者习性、植物本身的选择等，来说明这种寄生植物的结构与其他生物之间的关系，似乎很难说通。

由此可见，最为重要的是弄清生物变异和相互适应性。在研究考察初期，我发现研究家养动物和栽培植物为我们搞清这一问题提供了最好的途径。结果确实没让我失望。虽然在由家养引发变异的相关研究中，有些问题还并不十分明确，但却为我们提供了最好的、最为可靠的线索。这类研究通常被博物学家们忽略，但是我却敢确信它具有很高的价值。

物种间的关系

人类对于周围物种之间的关系存在高度的无知，如果我们能正视这一问题，那么肯定就不会有人奇怪为什么我们至今仍不能解释很多有关物种和变种起源的问题。有谁能解释为什么某个物种分布广、数量多，而其近缘种却分布窄、数量少?

近缘种：指亲缘关系较近的物种。

物种间的关系是至关重要的，它不仅决定着现在所有生物的繁盛，而且我相信它也决定着现存生物未来的变异与盛衰。

对于地质历史时期的大量物种间的相互关系，我们知道的就更少了。虽然许多问题仍然模糊不清，甚至将来很长一段时间还是无法解答，但经过我较为深入的研究和冷静的判断，我能够肯定的是：每一个物种都是单独创造出来的，这个观点是错误的。之前我也接受这个观

生物分类　现代生物学将世界上的所有生物按照界、门、纲、目、科、属、种来分类。下面以非洲狮为例来说明这种生物学分类系统。

非洲狮

界：动物界
门：脊索动物门
纲：哺乳纲
目：食肉目
科：猫科
属：豹属
种：非洲狮

点，现在仍然有许多博物学家支持这一观点。但是，我确信物种是在缓慢改变的，那些同属的物种一般都是另一个已经灭绝物种的直系后代，就像某物种的变种都是这物种的后代一样。另外，我还相信，自然选择是决定物种变异的重要的但非唯一的途径。

Chapter 1

家养状况下的变异

生活环境对生物的影响

生活环境的变化对生物变异具有高度重要性。它可以直接作用于生物的构造体制，也可以间接地影响生殖系统。变异在任何条件下都是自然和必然的——这种说法并不十分确切。遗传性和返祖性的力量大小，决定了变异是否还能继续发生。变异被很多未知法则支配着，相关生长律是其中最重要的一部分。还有一部分要归因于生活条件的作用，但其作用到底有多大，我们尚不清楚。另外，变异相当一部分要归结于器官的不使用及增强作用。因此，最后的结果极为复杂。

相关生长律：生物体某一部分或器官的生长发育水平及特征与身体另一部分或器官的生长发育水平及特征有着密切的关系。

有些例子中，在现有品种的起源问题上，不同原种的杂交似乎发挥了重要作用。无论在何地，当一些变种形成后，它们偶然杂交，再通过人工选择作用，都会大大有助于新品种的形成。但从中可以看出，起主要作用的并不是杂交。对于靠插枝、芽接等方法进行临时繁殖的植物，杂交自然起着重要作用，因为栽培者

芽接：从枝上削取一个芽，插入受穗的植株的切口中，并予绑扎，使之密接愈合，从而培养新的植株。

可以不必顾虑杂交和杂种后代的极度变异性和不可育性。

但这些不用种子繁殖的植物，对于我们的研究不是很重要，因为它们的存在只是暂时的。人工选择的累积作用，不管是有计划、快速地进行，还是无意识、缓慢地发生，都超过了这些变异的原因之上，它是新品种形成的最突出动力。

变异的原因

家养生物的个体变异更加显著

通过观察历史悠久的种植植物及家养的动物，不难发现这样一个值得注意的问题：家养生物的同一变种或者亚变种的个体差异，要远远大于自然状况下任何一个物种或变种的个体差异。

亚变种：变种的变种。

这些家养动植物长期处于不同的气候和人工管理下，个体间的生存条件差异很大，而它们生活在自然状态下的亲种，生活条件则基本保持一致。奈特曾对此提出：家养动物的变异与过量的饮食有关。这个观点存在一定的可能性。似乎很明显，生物必须在新的环境中经历数代繁衍，才能产生大量的变异。并且，一旦生物体产生了变异，其后许多代便会持续变异下去。

在家养的状况下，变异生

物停止变异的例子始终没有被记录。比如小麦，我们人类最古老的栽培植物，直到现在仍然产生着新的变异。再如最古老的家养动物，目前也在不断地改进与变异。

生活环境对物种变异的作用

生活环境对物种变异的作用，主要有两个方面：

- “直接作用”于生物体整体机制或者部分结构。
- “间接影响”生殖系统来引发变异。

对于“直接作用”，我和魏斯曼教授所持观点一致，其包括**生物的本质**和**条件的性质**两个因素。而两者比较而言，生物的本质似乎更为重要。正如我们日常生活中常会见到的情况：

> 魏斯曼(1834～1914)，德国动物学家。其所提出的“种质论”为遗传物质的研究奠定了基础。

- 生物生活在不同的条件下却发生类似的变异。
- 在相同的条件下却产生了不同的变异。

这些变异有些是确定的，有些则是不定的。在一定的生活条件下，其所有后代或者绝大多数后代都按照相同的方式发生变异，那么这种变异就可以被视为**确定变异**。不过，对于这种确定变异，要想得出相关的一些结论也是非常困难的。当然，有些很微小的变异是能肯定原因的，如食物量的多少引发生物个体大小的变异，食物的性质导致肤色的变异，还有气候的变化所引起的皮毛薄厚的变异。

鸡：即家鸡（脊索动物门，鸟纲，鸡形目），种类繁多，现在大部分专家都认为其由原鸡进化而来。

例如，鸡的羽毛有很多变异，而每一个变异必然有它的原因。再如，在同一个条件因素干扰下，很多物种可能都会表现出相同的变异。

不确定变异的作用更加重要

与确定变异相比，不确定变异更多是因为条件因素改变的结果，因此在家养动植物新品种的形成上起着更加重要的作用。许多不确定变异引起的差异特别细小，但却可以以此为特征来区分每个个体。即使是同胎或者同束果所产生的幼体之间，也会表现出这种十分明显的差异，所以我们不能认为这些是来自亲代或者祖先遗传的。

亲代：生物产生生物，对后一代生物来说前一代是亲代，对前一代生物来说后一代是子代。

现实生活中，我们会发现，在同一地区使用相同的饲料喂养很长时间后所产生的数百万个体间，偶尔会出现构造上的显著差异，而这常常被认为是畸形。但并没有一个明确的界限可以把畸形与其他细小变异区分开。由此我得出以下结论：

无论这些结构上的变化是细小的还是明显的，只要出现在一起生活的众多个体中，都可以被视为不确定变异。就像寒冷的环境可能会引起人类患病，如感冒、咳嗽、风湿或者其他器官炎症，但到底引起哪种疾病是根据个人体质来决定的。

“间接影响”生殖系统引发的变异

“间接影响”生殖系统而引发的变异，我推测是通过两个方面起作用：

- 生殖系统对于外界条件的任何变化都极其敏感的特性。
- 正如开洛鲁德所说，在新的或者非自然的条件下家养动植物产生的变异，与不同物种杂交产生的变异，是很类似的。

杂交：指不同种、属的动物或植物之间进行交配或结合，分为天然杂交和人工杂交、有性杂交和无性杂交、远缘杂交和种内杂交等。

很多实例都能证明生殖系统对于外界条件的变化极为敏感。驯养动物非常简单，但是要使其在圈养范围内自由交配、繁殖，却是非常困难的事情。有些动物即使是在原产地，并且几乎是在自然状态下饲养，同样会出现不能生育的情况。人们往往错误地将其归因于生殖本能受到了伤害。

再比如植物，有很多栽培的植物体极为茁壮，但很少结籽，甚至不结籽。在少数情况下，外界环境的一点点改变都有可能影响植物的生殖。例如，在某一特殊生长阶段，水分多些或少些就会决定植物是否能结籽。对于这种奇特的现象，我已在其他文章中详细地列举了证据，这里就不具体展开讨论了。下面，我只想说说圈养动物生殖法则的奇妙之处。

例如食肉兽类，即使将非洲的种类养殖在英国，同样可以自由地繁殖，除熊科动物以外。但食肉的鸟类却恰恰相反，它们中的绝大多数都很难孵化出幼鸟。很多外来植物的花粉都不能发挥原有的作用。因此，我们可以发现：

- 许多弱不禁风的家养动植物在圈养的环境下，能够自由繁殖后代。
- 从自然界驯养来的幼体，虽然其健康并且寿命长（我能举出很多实例），但是其生殖系统受到了某些因素的影响，而不能生育。

草兔

兔：隶属于脊索动物门，哺乳纲，兔形目，常见的野生种类有草兔等。现多认为欧洲地中海周围地区的穴兔是所有家兔品种的原祖。

因此，我们就可以很好地理解：

在家养状态下，生殖系统受到某些不规则的作用，从而造成其繁殖的后代与亲代有差异，是十分正常的情况。

当然，我需要补充一点，有些生物即使饲养环境与自然环境差距极大，也同样可以自由繁殖。例如，在笼内饲养兔和雪貂，它们可以正常繁殖，说明生殖器官没有受到影响。因此，有些动植物可以禁受家养或种植，很少变异，变异量不一定比自然环境下的高。

植物突然长出一个新芽，芽的性状明显不同于其他芽或枝，这种情况常被园艺家称为“芽变植物”。我曾在另一部著作中，将“芽变植物”大量地罗列出来。这些“突变芽”可以通过嫁接、扦插等方式繁殖，也可以通过播种来繁殖。这些突变，在自然情况下很少发生，但在人工栽培时却很多。通过这一例子，我们能够看出，对于亲代的来说，受影响的并非胚珠或者花粉（也就是有性生殖器官），但某些博物学者却始终认为所有的变异都与有性生殖有关，这种观点明显是不正确的。通过实例，我们能清楚地看到：**生物来源于亲本的这一内因对于变异更为重要，而环境因素次之。**

雪貂：隶属于脊索动物门，哺乳纲，食肉目，鼬科。早期的家养雪貂多用于狩猎，现多作为家养宠物。

嫁接：一种人工繁殖的方法。把一种植物的枝或芽，接到另一种植物的茎或根上，使接在一起的两个部分长成一个完整的植株。

扦插：一种人工繁殖植物的方法。通过剪取植物的茎、叶、根、芽等，将其插入土中、沙中或浸泡在水中，等到生根后再栽种，使之成为独立的新植株。

胚珠：被子植物雌蕊下面略微膨大的部分为子房，在子房内着生的卵形小体为胚珠，是种子的前体。

习性的影响

当植物从某一气候条件迁移到另一种气候时，它的开花期会发生一定的变化。动物中同样存在很多实例，且更加直观地反映出“习性的变化可以产生遗传效果”，即某些器官或构造使用或者不使用，对其产生的影响差异显著。

比如，我发现如果以占全身骨骼比例来衡量，家鸭的翅骨轻于野鸭，但腿骨却比野鸭要重。这种变化明显源于家鸭与其野生祖先比飞得少、走得多。母牛和母山羊的乳房，经常挤奶的地方比不经常挤奶的地方发育要好。再如，有些家养动物的耳朵呈下垂状，有些人认为这些垂耳是由于家养动物不用警惕危险，不使用耳部肌肉所致。这种解释看上去十分合理。

相关变异

支配变异的法则有很多，我们只发现了其中的几条，本书后面的内容会简单地进行讨论。在这里，我先说说相关变异。胚胎或者幼体发生变化，其到了成熟期就很有可能发生变异。这些畸形的生物中，不同构造间的相互作用是非常神奇的。例如，饲养者相信，四肢较长的个体，一定同时长有一个较长的头。

相关变异：遗传学概念，指由于遗传或环境的原因造成物种的某些性状一起变异的现象。

还有一些例子相当奇特：白毛蓝眼公猫多是耳聋的。这种体色与体质特性相关的例子，在动植物中能找到很多：

——绵羊和猪的体色与食用某种植物后是否中毒有关。如果是白色的绵羊和猪食用了某种植物，就会造成损伤，而体色深的个体可以避免这种伤害。

——没有毛的狗，牙齿也不全。

——具有长毛或者粗毛的动物，往往会有长角或者多角的倾向。

——喙短的鸽子脚小，喙长的鸽子脚大。

因此，当人类选择家养物种的某种特性并保留下来时，因为这种神奇的相关变异，在无意识的情况下，那些其他构造的改变也被留了下来。

那些未知的或知之甚少的变异法则所造成的结果是复杂且多样的。有几份关于古老的栽培植物的论文，记载了变种与亚变种之间结构和体质上，存在无数的细小差异，令人感到十分震惊。**生物这个有机整体，似乎是可塑的，并且正在与自己的亲代发生着程度很小的改变。**

遗　传

类生类

那些可遗传的变异，无论是结构上的微小变异，还是在生理上有着重要意义的变异，它们的数量和多样性都是无尽的。没有饲养者怀疑遗传倾向的强大，他们的基本信念是类生类 。

类生类　指狗生狗、鸡生鸡，一类物种生一类物种。

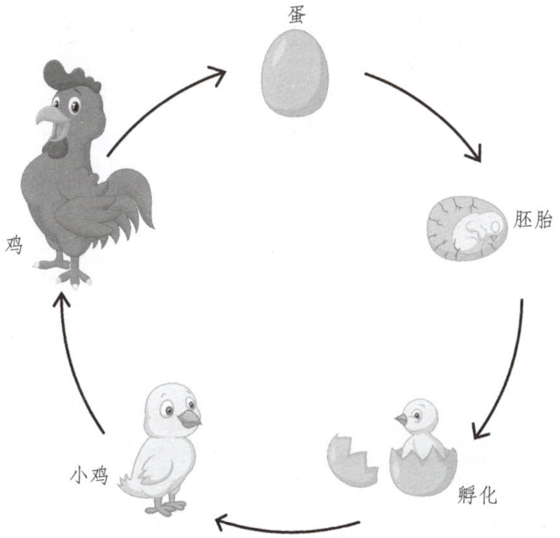

当一个变异高频出现，并且在父代子代都出现时，我们不能判断这是由同一个原因造成的结果。不过，有些构造的变异十分罕见，但由于很多环境因素的共同作用，父子都具备该种变异，我们也会将此情况归为遗传。大家肯定听说过这样的例子：同一家族几个成员都患有相同的疾病，如白化病、多毛症等。

白化病：属于遗传性白斑病。患者视网膜无色素，虹膜和瞳孔呈现淡粉色，怕光。皮肤、眉毛、头发及其他体毛都呈白色或黄白色。

多毛症：发病原因很多，但患者都表现出毛发多于常人的特征。这里指的是家族遗传性多毛症。

如果罕见的、奇特的变异都属于可以遗传的，那么那些不奇特的、较常见的变异肯定也是可遗传的。因此，我们可以把各种性状的遗传看成具有规律性，而把不可遗传看成特例。

有一个对于我们的研究很重要的事实：**在家养物种中，雄性个体的特征仅遗传给雄性，或者大部分遗传给了雄性。**

另外还有一个较为重要的、我认为可信的规律：**生物体在某一特定时期出现了某种性状，其后代也会在同一时期出现该特征**（有时会提早一些出现）。

很多实例都证明这个规律的正确性：

——牛角的遗传特征，只有在它的后代接近成熟期时才会出现。

——我们熟知的蚕，其遗传性状都是在幼虫期或是蛹期出现的。

第二种规律可以扩大范围，使其普遍适用于遗传疾病和其他一些遗传事实，即虽然某些性状没有明显的理由出现在某个特定的年龄，但是后代出现此性状的时间往往与亲代第一次出现的时间相一致。我相信，这个规律对于解释胚胎学证据非常重要。

当然，上述观点仅限于遗传性状“第一次”出现的情况，并不能用于胚珠或雄性生殖质所起作用的解释。比如，一只短角母牛与长角的公牛交配后，其后代中母牛的角也会增长，虽然这个特征出现得比较晚，但明显是雄性因素起的作用。

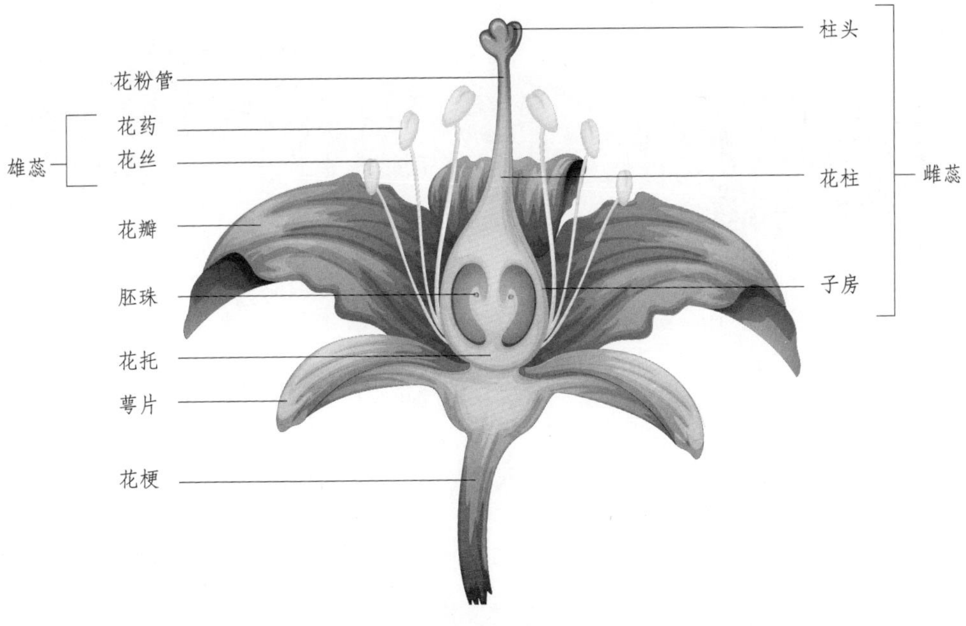

被子植物花的结构

返祖现象：是指个别生物体出现了其祖先所具有的性状的现象。

返祖现象

我之前提到过返祖现象，在此我想讨论博物学家们经常提及的一个观点。由于家养变种回到野生环境后，便逐渐显现出某些原始祖先的特征，所以有人提出“不能通过家养变种的情况来推测自然状态下的物种”。如此胆大的观点频繁提出，但我竭尽全力也没有找到能得出此结论的证据。当然，这种观点的正确性很难证实。我们较为肯定的是：**相当多的具有显著家养特征的变种，再回归野生环境也许将不能生活**。很多时候，我们不知道它们祖先的样子，所以根本无法判断它们的返祖现象是否完全发生了。

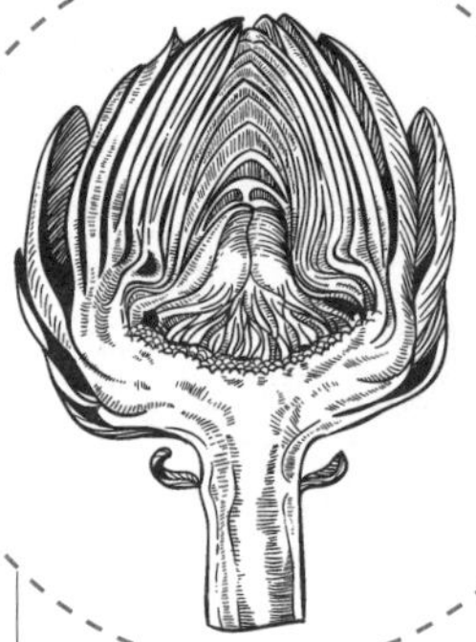

甘蓝：隶属于被子植物门，双子叶植物纲，白花菜目，十字花科，芸薹属的一年生或两年生草本植物。

为了避免杂交的影响，只将单一变种单独饲养在新的地方是非常有必要的。尽管如此，我们的家养变种有时仍然会出现祖先的某些特征。如几种甘蓝，将其种植在贫瘠的土壤上（这种贫瘠的土壤在此肯定发挥了一定的作用），经过几代后，它们大部分甚至有可能全部，在很大程度上恢复到原始状态。无论这个实验是否成功，对于我们的论点并不是很重要，因为在实验过程中，它们生存的条件已经改变了。

当然，同一条件饲养的家养动物，在一起大量养殖，它们会出现自由杂交的情况，而通过相互杂交混合，可以避免任何结构上的细小差异。假如此时它们仍能表现出强大的返祖倾向，也就是失去了其获得的性状，那么我就会认同不能用家养变种来推测自然界中的物种，但我始终未找到有利于这个观点的证据。如果你要断言，驾车马和赛跑马、长角牛和短角牛、鸡的几种品系、多种食用蔬菜，不能无限地繁殖下去，是违反经验的。

家养变种的性状

当我们观察家养动植物的遗传变种时，将其与近缘种相比较会发现，各家养变种与其原始种在性状上并不十分一致。家养变种有很多性状都是畸形的。虽然物种与变种之间、物种与同属物种之间，在某些方面的差异较小，但是我们却也能发现它们身体某些部位存在很大区别。特别是将它们与自然状态下的亲缘物种比较，差异则更为明显。除了那些畸形的特征以外，同一物种的家养变种间的差异，与自然条件下同属的近缘种之间的差异非常相似，只不过前者在大多数情况下差异程度比较小而已。

有一些有能力的鉴定家说，许多家养动植物是不同种类的后代；而另一些鉴定家却说那些是来自同一物种的变种。如果家养物种与自然物种之间的差异十分明显，那么上述问题就不会被反复争论。

有人经常说，家养动植物品种间的差异不会到达属的程度。我并不赞同这一观点，然而具有何种性状才能作为划分属的标准，博物学家们却有着不同的意见，而这些意见几乎都是从经验得来的。等我们弄清属在自然界中的可划分范围后，我们就不会再期盼在家养的动植物品种中出现较多属级的差异了。

以意大利蜜蜂和东方蜜蜂为例，这两个物种都属于动物界，节肢动物门，昆虫纲，膜翅目，蜜蜂科和蜜蜂属，但一个种名为意大利蜂，一个种名是东方蜜蜂，可见它们的差异是种的不同。

变种与物种的区别难题

当我们尝试比较同种家养动植物品系结构上的差异时，我们很快就会陷入迷惑，因为我们无法确定它们究竟是起源于同一个物种，还是不同的几个物种。比如，我们熟知的细腰猎犬、嗅血警犬、梗犬、长耳猎犬和斗牛犬，这些犬种都能纯系繁殖。如果证明它们都起源于同一物种，那么对自然环境下许多近缘种（如许多狐的种类）是不会改变的说法，将会产生很大的疑问。我不相信，上述的几种狗是一个野生物种因为家养而逐渐形成的，但我认为其中的一些变异，是由原来的物种遗传下来的。另外，还有一些家养品系具有很明显的特征，可证明它们来自不同的物种。

人们常常做这样的假设：**人类所选择的家养动植物，都具有很大变异倾向且能承受各种气候。**这些性能确实可以大大增加家养品系的价值。

但是，远古的野蛮人是如何知道：自己最初驯养的动物经历数代后能否发生变异，又能否适应不同的气候呢？驴和珍珠鸡的变异性很小，驯鹿的耐热能力很弱，普通的骆驼耐寒力较差，但这些是否阻止了人类豢养它们呢？

我可以毫不迟疑地说，如果能从自然环境中选取一些动植物，在数目、产地以及分类属性方面都与目前家养的生物相同，并且假设它们也在家养情况下繁殖相同的代数，那么可以肯定，这些动植物平均发生的变异量将与家养动植物一样多。

家养变种起源于一个或多个物种

悠久的家养物种历史

大部分古代家养动植物到底是从一种还是从几种野生种繁衍来的，到现在我们还不能得出确定的答案。那些相信家养动植物来自多个物种的人，他们主要的依据是人类发现了很多古代记录，特别是古埃及石碑上所发现的品系。这些记录中提到的家养物种，有一些与现在的家养品系很相似甚至相同。但是，这些也只能证明人类有着悠久的文明，对于动植物的家养也有着很长的历史罢了。

瑞士湖上的居民曾经种植过很多种小麦、大麦、豌豆，以及用于制油的罂粟、亚麻。他们也饲养了多种家养动物，而且已经开始与其他民族通商。这表明，在如此早的时期，人类文明就已经十分进步了。同时，这也说明在此之前更为落后的时期，各地人们家养的动植物已经开始了变异并形成了不同的品种。通过在世界各地发现的地表层中的燧石器，地质学家们都相信人类有着悠久的历史。我们还知道，现在没有任何一个民族落后到连狗都不会驯养。

古埃及石碑上刻画的家养物种品系

家养物种的起源问题

家养动植物的起源问题，也许永远也无法弄清楚。不过，我仔细研究了几乎世界上所有的家养狗，得出以下结论：

犬科中有几种野生种曾经被驯养过，并且在某些情况下出现了杂交情况，即它们的血液混合在了一起，并且流淌在我们现在的家养狗的所有品种身上。

布拉斯曾写信告诉我，通过对印度瘤牛的习性、声音、体质、构造等方面的观察，基本可以确定它们与欧洲牛的原始祖先不同。这之前，有几个有能力的鉴定家认为欧洲牛一定不是由同一个野生祖先进化而来的。

瘤牛

卢特梅耶教授的研究已经确定了上面的结论，并且确定了普通牛和瘤牛的种间区别的结论。但是对于马，我和几位学者的意见却恰恰相反。我确定所有家养马都是来自同一物种。

我收集了所有英国鸡的品种饲养，并使其交配、繁殖，同时研究了它们的骨骼。通过研究，我几乎可以断定，它们都是野生印度鸡的后代，而且布莱斯先生在和别人一起研究印度鸡时也得出了相同的结论。

英国鸡

至于兔和鸭，虽然有些品种间的差异很大，但是仍有明确的证据证明，它们都来自野生兔和野生鸭。

有些学者认同家养动植物起源于几个原始祖先的观点，甚至已经到了极端荒谬与夸张的程度。他们认为，只要是纯种繁殖，即使种之间区分的性状极其微小，也有着不同的野生祖先。如果这种观点正确的话，只在欧洲这个范围内，就至少存在过20种野生牛，20种野生绵羊以及很多种野生山羊，甚至仅英国的野生种就有好几个。还有一个学者曾提出，英国特有的绵羊竟然有多达11个野生祖先。

我们不应忘记，英国现在已没有一种特有的哺乳动物，法国也仅存在少数动物与德国不同，匈牙利、西班牙的情况也是一样。不过，这些国家都有几种本国特有的牛和绵羊等品种。所以，我们不得不承认，很多家养动物的品种都起源于欧洲，否则它们从何而来。印度的情况也是一样。

杂交产生不同品种的可能性

另外，我们夸大了杂交产生不同品种的可能性。我见过这样的一些实例记载：

通过偶尔的杂交，再对所需性状进行人工选择，我们便可以使一个品系发生变异。

全世界的家养狗品种（我承认它们是几种野狗传下来的）存在着很大的遗传变异。因为意大利细腰猎犬、斗牛犬、嗅血警犬、哈巴狗或者布莱尼姆长耳猎犬等家养品种，和所有野生犬科动物有着很大的差异，所以没有人会相信与它们密切相关的动物曾在自然条件下生存过。有人经常说，现有的犬种都是由几种原始物种杂交、繁殖的结果，但是杂交只能获得介于两者之间的类型。如果用杂交来解释现存品系的来源，那么我们就必须承认自然条件下存在过极端类型，如意大利细腰猎犬、斗牛犬、嗅血警犬、哈巴狗或者布莱尼姆长耳猎犬等。

但是，如果希望将两个差异很大的品种杂交，获取中间品种，就非常困难了。

西布莱特爵士为了这一目的还特意做过实验，但是结果以失败告终。将两个纯品种进行杂交，其后代性状是非常一致的，就像我在鸽子研究中发现的一样。

由此可见，**仅通过杂交是不能发展出如此多的新种的**。当然，如果我们让杂种后代彼此交配，经历数代后，情况将变得极为复杂，后代之间应该不会有两个比较类似的个体。不过，我们是不可能观察到一个如此漫长的杂交过程的，而且在我观察过的所有单一实例中，没有一个物种是通过这种方式形成的。

各种家鸽的差异及起源

鸽子的种类

家鸽：隶属于脊索动物门，鸟纲，鸽形目，种类繁多，约有1500个品种。原鸽是家鸽的祖先，分布几遍全球，我国仅在南疆西部有分布。

我相信，选择一些特殊的类群是最好的研究方法。在经过深思熟虑之后，我选取了家鸽作为研究对象。

我饲养了能买到或者能得到的每一种鸽子，而且还收到了世界各地热心人馈赠的鸽子皮，特别是埃利奥特从印度、默里从波斯寄给我的。关于鸽类研究的文章有很多，其中不乏一些相当古老的文献，它们对我的研究十分重要。我曾和几个有名的鸽子发烧友联系过，并成为伦敦的两个鸽子俱乐部的会员。

鸽子种类之多，使我十分惊讶。如果将英国信鸽和短面翻飞鸽加以比较，就可以看出它们的喙有很大差异，并由此引起了头骨明显的不同。

信鸽，特别是雄性信鸽，头皮上发育有奇特的肉突，与之相伴还长有相当长的眼睑、很大的外鼻孔和阔大的口。

短面翻飞鸽的喙形与鸣鸟类非常相似。普通翻飞鸽有一种奇特的遗传习性：它们喜欢成群结队地在高空飞翔，还喜欢翻跟头。

侏儒鸽，体形巨大，喙又粗又长，足也很大。其中有些亚品种颈较长，有些翅和尾较长，有一些则尾特别短。

巴巴利鸽与信鸽十分相似，不过它的喙短而宽阔。

突胸鸽身体、翅膀、腿皆长，嗉囊也十分发达。一些特定的时刻，突胸鸽的嗉囊会膨胀，让人觉得怪异、好笑。

嗉囊：鸟类食管的后段暂时储存食物的膨大部分。食物在嗉囊里经过润湿和软化，再被送入前胃和砂囊，使之更容易消化。鸭和鹅虽无嗉囊，但食管在该处略呈纺锤状膨大。鸽的嗉囊在育雏期间能分泌乳汁，称“鸽乳”，用以哺育雏鸽。

浮羽鸽的喙较短，且呈圆锥形，胸部下方长有倒生的羽毛。这类鸽子有一个习性，能够让食道上部持续不断地微微胀大。

毛领鸽颈背部的羽毛，向前倒竖成风冠状。以该种身体大小的比例来看，毛领鸽的翅羽和尾羽比较长。

喇叭鸽和笑鸽的鸣叫声，就像它们的名字一样，同其他品种的鸽子存在很大差异。

扇尾鸽具有30～40根尾羽，而其他品种的鸽子只有12根或者14根尾羽。当扇尾鸽尾羽展开竖立时，品种优良的个体能够首尾相触。但是，扇尾鸽的脂肪腺却十分退化。

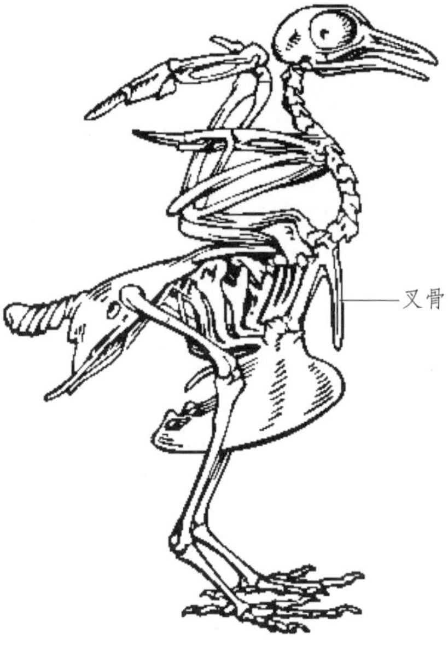

叉骨：鸟类的左右锁骨以及退化的间锁骨在腹中线处愈合形成的V形骨，是鸟类独有的结构。

除上述品种之外，还有一些差异比较小的品种。

观察比较骨骼可以看出，这些家鸽品系的面骨长度、宽度、曲度的发育，有很大的差别。

这些鸽子的下颌支骨形态、长度以及宽度也有着明显的区别。尾椎和荐椎的数量亦不相同；肋骨的数量以及它们的相对宽度，有无凸起等方面都有明显的区别；胸骨上孔的大小及形状，变异也很大；叉骨两个分支的宽度和相对长度同样存在很大的不同。

我们能够看到，很多构造极易发生变异:

- 家鸽口裂的相对宽度，鼻孔、眼睑、舌（并不一定总和喙的长度保持一致）的相对长度，嗉囊的大小，食道上部的大小，脂肪腺的发达与退化的状态。
- 第一列翅羽和尾羽的数量，翅与尾之间的相对长度，以及与身体的相对长度。
- 腿与足的相对长度；趾上鳞片上的数目，趾间皮膜的发育程度。
- 家鸽羽毛长齐需要的时间和孵化后雏鸽的绒毛状态。
- 卵的大小与形状。
- 飞行的姿势、性情、鸣声，有的品种也有着明显不同。
- 有些品种雌雄个体间也存在着细小的差异。

我相信，如果我们选出20种以上的家鸽给鸟类专家去鉴定，并告诉他们这些都是野鸟，那么这些家鸽一定会被他们定为界限分明的不同物种。而且，我相信，在这种情形下，没有一个鸟类学家会把短面翻飞鸽、英国信鸽、巴巴利鸽、侏儒鸽、突胸鸽以及扇尾鸽列入同一属，尤其是在给他们看过上述几个品种的纯系遗传亚种（他们会称之为不同物种）时，更是如此。

家鸽源自同一个祖先

虽然家鸽品种之间的差异很大，但是我坚信博物学们的观点是正确的，也就是说，这些家鸽都是由岩鸽传衍下来的。

岩鸽：现在普遍认为家鸽的祖先是原鸽。原鸽与岩鸽的外形十分相似，差异不大，从前后文看，达尔文有可能将原鸽当成了岩鸽的一个亚种。

岩鸽包括几种地理品种即亚种，但是它们之间的差异非常小。我相信这一观点的理由中，有几点在一定程度上可以应用于其他情形，所以在此我概括地讨论一下。如果这几个品种不是变种，并且不是从岩鸽演化来的，那么它们一定是由不少于7种或者8种原始祖先传下来的。因为目前如此多的家鸽类型，不可能是由少数种类杂交获得。比如突胸鸽，它的亲代至少有一个要具有特别大的嗉囊，否则是如何产生出突胸鸽的呢？这些假定的原始祖先一定来源于岩鸽，它们不在树上繁殖，也不在树上栖息。

但是，除了岩鸽及其地理亚种外，我们知道的只有两三种野生鸽类，而且它们都不具有家鸽的任何特殊性状。因此，这些假定的原始祖先，有两种情况：

- 它们仍然在最开始家养化的地方存活到现在，只不过鸟类专家至今没有发现它们，但考虑到它们的大小、习性以及显著的特征，没被发现是不可能的。

●这些家鸽的原始祖先灭绝了。但是，这种鸟在悬崖上生育，又善于飞翔，不可能灭绝。与家鸽具有相同习性的普通岩鸽，有些依旧生活在英国的一些小岛屿及地中海沿岸，并没有灭绝。

因此，如果说与家鸽具有相同习性的物种都灭绝了，是十分草率的。而且，上述品种的家鸽已经被运送到了世界各地，有一些一定会回到原产地。但是，除了鸠鸽这种稍微变异的岩鸽，在几个地方回归成野生种以外，再没有一个品种变回野生种了。再说，近来所有经验都表明：**在家养状态下，野生动物的自由繁殖是非常困难的**。如果家鸽起源于多个祖先的假说成立，那么就意味着在远古时期，在半文明化的人类饲养下，至少有七八个物种在圈养情况下能大量地繁殖。

还有一个很具说服力的论证，而且这个论证同样适用于其他情况，即上述几种家鸽品种与野生岩鸽，在总体特征、习性、声音、颜色以及大部分构造上保持一致，但是有一些结构却高度异常。

我找遍整个鸽类，都不能找到一个像英国信鸽、短面翻飞鸽或者巴巴利鸽那样的喙，也不会找到像凤头鸽那样倒生的羽毛，同样也不会找到像突胸鸽那样的嗉囊、像扇尾鸽那样的尾羽。

因此，如果家鸽多源祖先的假说成立，就需要先假设半文明化的人类祖先不仅成功地彻底驯化了这几种物种，而且有意或无意地选出了那些特别奇特的种类，并且这些野生物种之后便灭绝了或者没有被发现。显然，这些奇怪的、众多的偶然事件不可能发生。

杂交对鸽的影响

关于鸽类的颜色，有一些事实是值得研究的。岩鸽是石板青蓝色的，腰部为白色（印度亚种——斯特里克兰的岩鸽，腰部却是浅蓝色）；岩鸽尾部有一暗色横纹，外侧尾羽外缘的基部是白色的，翅上生有两条黑色的横纹；一些半家养的品种和纯正的野生种，翅上除了有两条黑色横纹外，还有黑色的方形斑块。这些特征，在鸽科的任何品种中都不会同时具备。但与之不同的是，任何一种家养的鸽子，只要繁育的条件好，上述所讲的斑纹，甚至外尾羽外缘基部的白色，很多时候都是可以见到的。而且，当两种或几种品系的鸽子杂交，而它们身上不是石板青蓝色或者没有我提到的那些斑纹，杂交后代却很容易获得这些性状。

下面，我将几个亲自观察过的杂交实例，在这里给大家详细地介绍一下：

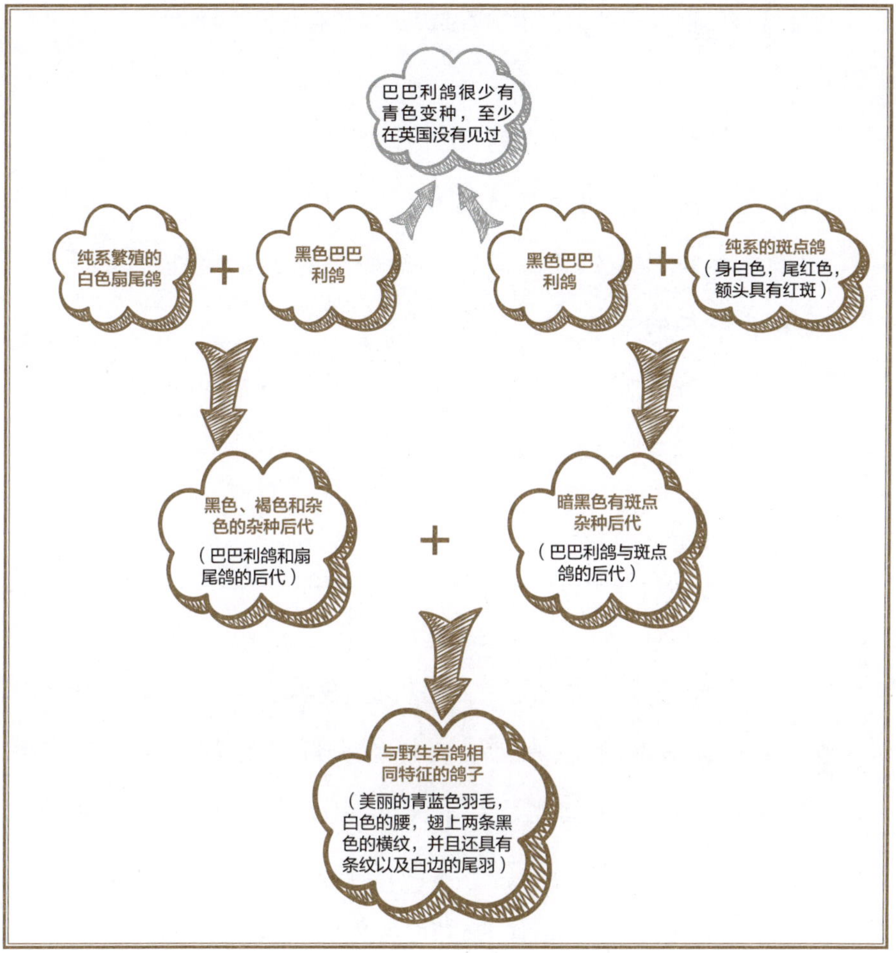

如果所有的家鸽都源于岩鸽，那么按照我们大家熟悉的返祖现象的遗传原理去解释这个问题，就不难理解了。

两个完全不可能成立的假设

如果不认可岩鸽是所有家鸽的祖先，那么我们就必须认同下面两个完全不可能成立的假设中至少有一个是真实存在的。

一种假设是：存在的几种原始祖先具有与岩鸽相同的颜色和斑纹。因为只有这样，每一个品种才能重现这种颜色和斑纹。但是，目前已知的现存其余鸽种中没有具备此特征的。

另一种假设是：即使是最纯的那些品种，也曾在12代甚至20代之内与岩鸽杂交过。

Q：为什么是在12代或者20代以内呢？

A 因为目前还未见到过这样的实例：有哪个物种杂交后代，能立即重现已经在后代中消失了20代以上的外来血统的特征。对于只杂交了一次的品种来说，外来血统在之后各代中将不断减少，因此作为这次杂交所获得的任何一个性状，重现的趋势自然会越来越小。但是，如果品种没有发生杂交，那么便会有重现前几代已经消失性状的趋势。因为我们知道，这种趋势与前者趋势相比正好相反，它能在不被减弱的情况下一直被遗传至无数代。然而，人们在研究遗传问题时，经常将两者的返祖现象混为一谈。

杂交后代的生育能力

骡是马和驴杂交后的品种，大多不可育。

最后，我通过对区别较大的不同鸽种有计划地观察，发现不同家鸽品种间的杂交后代都具有生育能力。而两种差异较大的动物，它们杂交产生的后代几乎都是不可育的。有些学者相信，长时间持续家养可以消除杂交不育的强烈倾向。根据狗和其他家养动物的历史能够看出，上述结论应用于关系密切的物种身上，应该是十分正确的。但如果将这一假设的时间段拉长，那些生存在遥远过去的原始鸽种就具有类似于现代翻飞鸽、信鸽、扇尾鸽、突胸鸽那样明显的差异，如果非说在它们杂交后能产生可育后代，那么未免太过于轻率了。

从这些原因可以分析出，人类不可能在家养条件下，使7种或8种鸽种自由繁殖。这些假定存在的鸽种，从未在野生情况下出现过，同样我们也没有发现家鸽在世界的任何地方变异为野生鸽的实例。这些假定原始鸽种有很多与岩鸽类似的结构特征，但与鸽科中其他物种相比较，却表现出某些奇特的性状。而且，无论是纯系繁殖还是杂交繁殖，其后代均偶尔出现体色蓝黑并有黑色斑点的返祖现象。另外，我们还要假设这些杂种后代全都是可育的。综上所述，我毫不犹豫地得到一个结论：所有家养的鸽种都是从岩鸽及其地理亚种繁衍而来的。

为了进一步证明上述观点，我补充一些内容：

第一，野生岩鸽已经被发现可以在欧洲和印度家养，其习性和许多构造上的特征都与家鸽品种相同。

第二，虽然英国信鸽或者短面翻飞鸽与岩鸽比较，在某些特征上存在很大的不同，但是与这两个品种的几个亚品种比较，特别是与从远处带来的亚种仔细比较，我们可以在英国信鸽或短面翻飞鸽之间排列出一个近乎完整的演变系列，并且在部分其他品种中也出现了相同的情况。

第三，每个品种最为显著的性状，通常也最容易变异。如信鸽的肉垂和喙的长度，扇尾鸽尾羽的数量等。对于这一问题的解释，等到我们后面讨论到“选择”，大家就能明白了。

第四，家鸽被很多人悉心饲养、爱护着。在世界的一些地区家鸽甚至在几千年前就开始被家养了。有关最早的家鸽饲养记录，普修斯教授告诉我是在大约公元前3000年的埃及，但伯奇先生却说，在那之前更早的王朝，埃及人已经将鸽名写到了菜单上。据普林尼所说，在罗马时代，鸽的价格很高，“而且罗马人已经能够估算出鸽子的品种和谱系”。大约在1600年前，印度阿克巴可汗十分看重鸽子的价值，他宫中至少饲养了2万只鸽子。“伊朗和突雷尼的国王都将罕见的鸽种赠予陛下，”史官记载到，“然后，陛下让各品系进行杂交，这是之前无人做过的。经过杂交，鸽子的品种得到了惊人的改良。”几乎是同一时期，荷兰人与罗马人一样喜爱鸽子。

以上这些考察，对于解释鸽类为什么发生了大量变异，是十分重要的。我们之后讨论“选择”时就会更了解其原因，也能明白为什么这些品系经常出现畸形性状了。家鸽配偶终身不变，这点也是产生不同品系最有利的条件，也正因为如此，我们可以把不同品系的鸽子放在一个鸟笼中饲养。

结　论

对于家鸽的可能起源，我已经做了一些讨论，但并不充分。我在第一次饲养家鸽时，仔细观察了几个品种，清楚地发现它们的繁育是如此纯粹，令我非常惊讶。

正因为如此，大家肯定很难相信这些家鸽来源于同一祖先。这就像博物学家们对于自然界中各种雀类或者其他鸟类，想要给出一个相同的结论，是很困难的。有一种情况让我印象深刻，那就是几乎所有的动物饲养者或者植物栽培者（我曾经和他们交谈过或者阅读过他们的著作），都坚信他们所养育的品种是由许多不同的原始物种传衍下来的。

我之前请教过一位知名的饲养家——赫尔福德，如果你不相信，也可以如我那样向他咨询：他的牛是否源自长角牛，或者两者都是由同一祖先繁育获得。不过，你肯定会和我当时一样受到嘲笑。我认识的所有鸽子、鸡、鸭、兔的饲养者，都不相信这些主要品种均是从一个特殊物种传下来的。

范蒙斯在自己有关梨和苹果的相关著作中，根本不相信"立孛斯东·皮平"和"科特灵"等品种的苹果，都是从同一棵树上繁衍而来。与之类似的例子还有很多。我想，解释这一情况的原因很简单：他们通过长期的、不间断的研究，对几种不同品系间的差异印象十分深刻。虽然他们十分清楚各品系间的差异很小，而且他们利用了这些微小的差异选育出了获奖的良种，但是他们连一般的遗传变异法则都不懂，而且也不愿在大脑中将这些连续数代才能积累起来的微小差异综合在一起考虑。

有些博物学家，他们知道的遗传法则并不比这些饲养者多，而且对于长期演化谱系中的中间环节，也懂得不多，但他们都承认许多家养动植物都源于同一祖先。当这些饲养家嘲笑"家养物种是自然状态下的物种的直系后代"这一观点时，也许他们应该去学习"谨慎"一课。

古代所依据的选择原理及其效果

人类创造了对自己有用的物种

现在让我们简略地讨论一下，家养品种从一个或者几个近缘种中产生出来的步骤。有些变异可归因于外界生活条件的直接和定向作用的影响，有些则要归因于习性。但是，如果有人用这些来解释赛跑马与驾车马、细腰猎犬与嗅血警犬、信鸽与翻飞鸽的差异，就未免太过冒失了。我们的家养品系最显著的特征之一，就是**家养动植物适应特征常不符合其自身利益，而是适合人类的使用要求和爱好。**

有时，对人类有用的变异发生得很突然，甚至是一步到位。比如，许多植物学家都认为，具有刺钩的起绒草（其刺钩有着任何机械装置所不能及的作用），仅仅是野生川续断草的一个变种，而且这种变异很可能是在幼苗上突然发生的。安康羊和短腿狗的出现，大

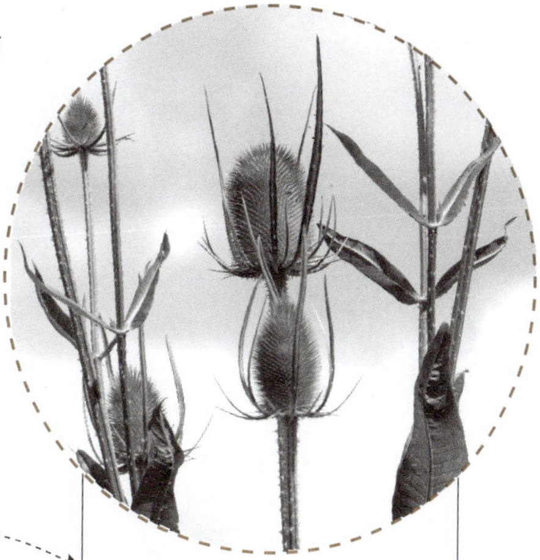

起绒草：隶属于被子植物门，双子叶植物纲，川续断目，川续断科。起绒草原产于欧洲，我国部分地区有栽培。

概也是如此。但当我们将以下几种——驾车马和赛跑马，单峰骆驼和双峰骆驼，适于耕地放牧、适于山地放牧或者毛的用途不相同的不同种类的绵羊，满足人类不同需要的多种狗类，善于争斗的斗鸡与非斗鸡、从不孵卵的卵用鸡、体形小但姿态优雅的矮鸡，以及无数农艺植物、蔬菜植物、果树植物和花卉植物——进行比较时，我们很容易发现，它们都在不同的季节、不同的目的上对人类有益或者让人赏心悦目。

卵用鸡：以产蛋为主要目的而饲养的鸡种。

对于这种情况，我想不能只用变异性来解释，应该还有其他原因。我们无法想象，上述这些品系是一次变异突然形成的，而它们一旦形成就像现在一样完美和有用。是的，我们知道，这些品系的过去并不是现在这个样子。这其中最关键的是人类的积累选择作用：**自然给予了连续变异，而人类向自己有用的方向进行了积累。**从这种意义上说，人类创造了对自己有用的品种。

选择积累

这种选择原则的强大力量不是我们臆想出来的。确实有几个优秀的饲养者，在他们一生的时间里，很大程度地改进了绵羊和牛的品种。想要充分了解他们所做的事，就必须阅读相关论文，同时还要实际观察这些动物。饲养者喜欢说他们所喂养的动物，其身体构造具有可塑性，甚至可以根据自己需求任意塑造。如果不是因为篇幅的限制，我能引述出权威作者关于这个问题的大量记载。

对于农学家们的工作，我想没有人比尤亚特更为了解了，而他又是一位非常优秀的动物鉴定家。尤亚特认为："人工选择的原理能够让农学家们改变家养动物的性状，而且可以让其完全改变。选择是魔术师的魔法杖，使用它可以随心所欲地将家养动物塑造成任何类型和模式。"

萨默维尔勋爵在讨论到养羊人的成就时，曾说："他们就像是在墙上用笔画了一个完美的模型，然后把墙上的羊给变活了。"在撒克逊，人们已经认识到人工选择对美利奴羊的重要性，甚至"选择"已经成为某些人的职业。人们将绵羊放在桌子上进行研究，就像鉴定家赏评绘画作品一样。他们每隔3个月举办一次赏评会，连续举行3次，每次都在绵羊身上做好标记，并将其分类，以便最后选出最优良的品种进行繁殖。

撒克逊：古代日耳曼人的部落分支，原居北欧日德兰半岛、丹麦诸岛和德国西北沿海一带。

英国饲养者所获得的成就，可以通过那些价格昂贵且谱系优良的动物来证明。这些优良的品种，曾被出口到世界各地。这些改良，通常不是由品种杂交获得的。几乎所有的优秀饲养者都反对用杂交法来培育新的品种，但不包括密切相似的亚品种偶尔进行杂交，所以这种杂交选择过程将比普通情况更严格。假如选择仅仅为了分离出一些很独特的变种，然后繁育它们，那么选择原理明显不值得我们去研究了。

最为重要的是，那些未受训练的眼睛看不出微小变异（至少我看不出差异），但这些微小的差异经过连续许多代的培育，会朝着一定的方向积累，进而产生巨大的效果。成百上千的人中很难发现一个具有精确眼力和判断力，并能成为卓越饲养家的人。如果有人具备这样的天赋，仍然需要他潜心研究，并坚持多年，以不屈不挠的精神去从事这项工作，这样他才会取得成功。如果这个人不具备我们所说的天赋，那么他必然会失败。很多人都不相信，想要成为一个成功的养鸽者，一定要具备天赋和多年经验才可以。

醋栗：隶属于被子植物门，双子叶植物纲，蔷薇目，醋栗科，为落叶灌木，株丛矮小，新梢上布满锐利的刺。其果实成熟后为红色或暗紫红色，成短果枝群或花束状果枝。

园艺家也遵循相同的原理，不过与动物相比，往往植物的变异有更多的突变性。没有人会认为，我们所精选出来的生物，是原始祖先仅经过一次变异而产生的。在有些情况下，我们有记录可以证明，比如普通醋栗个头的大小是慢慢增加的。

如果将现在的花与20年前或30年前所画的花进行比较，我们一定会惊讶地发现花卉栽培者对花的改进。当植物的品种被很好地稳定下来后，种子培育者只需巡视苗床，及时清除那些不符合标准的植株，而并不是去选取那些最好的植株。其实在动物繁育过程中，也

苗床：用于培育植物秧苗的小块土地。

采用了相同的选择方法。无论是谁，都不会用最劣等的动物去繁殖，否则就太离谱了。

还有另一种方法可以观察植物选择的积累效果：

在花园中，比较不同变种的花所表现出的多样性；

在菜园中，比较不同变种的叶、荚、块茎或任何其他有价值的部分，是否呈现花所表现出的多样性；

在果园中，比较果实相同的物种间的叶和花表现出的多样性。

块茎：植物茎的一种变态形式，呈块状，故名。我们常吃的马铃薯是最典型的块茎。

荚：荚果类外面的壳（果皮）。荚果属于干果，果实成熟以后，果皮干燥。有些种类的果皮会自行开裂，如大豆、豌豆和蚕豆等；有些果皮不开裂，如花生、皂荚和合欢等；有些荚果呈分节状，成熟后也不开裂，而是节节脱落，每节含一粒种子，如决明、含羞草等；有些荚果螺旋状，外有刺毛，如苜蓿。

含羞草的果实

三色堇 隶属于被子植物门，双子叶植物纲，堇菜目，堇菜科，多年生草本。该种植物原产于欧洲，是久经栽培的庭院花草，我国大部分地区均有栽培。三色堇的花对于了解在虫媒传粉过程中，花与昆虫的辩证关系是一种极好的材料。

不同种类甘蓝的叶差异很大，而它的花却如此相似；三色堇的花是如此不同，但叶却是如此相似；果实的大小、颜色、性状、茸毛各不相同的各类醋栗，它们的花却只表现出微小的差别。我并不是说，某些方面区 别很大的变种，在其他方面就毫无差别了。经过慎重观察之后，我才敢说这种情况是绝无仅有的，我们决不能忽视相关变异法则的重要性，因为它可以保证某些变异的发生。不过，根据一般法则，对叶、花以及果实的微小变异进行连续选择，就会繁育出在这些性状上存在明显差异的品种，这点是毫无疑问的。

有意识的人工选择

选择原理付诸有计划的实践，基本上也就75年的时间。也许会有很多人对这一原理表示不赞成。最近几年，人们比之前更加注重人工选择这个问题了，发表了很多相关论文。这类论文发表得非常频繁，其内容又都很重要。但是，如果说这个原理是近代的发现，那未免与事实不符。

人类在很久以前就已经意识到选择原理的重要性了，我可以引用许多古代经典著作中的例子来证明。英国在未开化时期，已经开始精选动物品种，并且明令禁止物种输出。同一时期，英国法令还规定，若马的体格大小没有达到标准，就会面临被消灭的命运，就像我们之前讲的园艺者去除不合标准的植株一样。

我也曾看过一部中国古代的百科全书（《齐民要术》），其上清楚地记录了选择原理。古代罗马人也已经拟定出了非常明确的选择规则。据《创世记》记载，早在那个时代，人们就已经能对动物颜色进行选择了。现代人有时会把家养狗和野生狗进行杂交，用以对狗的品种进行改良。普林尼所著的书也记录了古代未开化的人会使用同样的方法。生活在非洲南部的未开化

> 《齐民要术》：北魏杰出农学家贾思勰所著的一部综合性农学著作，是世界农学史上最早的专著之一，也是中国现存最早的一部完整的农书。全书共10卷92篇，系统地总结了黄河中下游地区的农牧业生产、食品的加工与贮藏、野生植物的利用以及治荒的方法，详细介绍了季节、气候和不同土壤与不同农作物的关系，被誉为“中国古代农业百科全书”。

的人，根据圈养牛的不同颜色来进行配种；有些因纽特人对他们饲养的拉车狗也是这样的。

因纽特人：又称爱斯基摩人，北极地区的土著人，主要分布在北美洲沿北极圈一带，另有一小部分居住在俄罗斯东北部，主要以捕鱼和打猎为生。

利文斯顿说，虽然非洲内陆的黑人没有与欧洲人接触过，但他们也极为重视家养品种。这些事实即使不能表明古代已经实行真正的人工选择，但肯定能表明在古代，人们已经密切关注家养动物的繁育问题。生物好品质与坏品质的遗传是这样明显，如果还只饲养而不注意选择，那才是一件令人奇怪的事。所以，即便是现在文化最落后的未开化人，也同样注意到利用人工选择这一点了。

无意识的选择

现代，一些优秀的饲养者能根据明确的目的，进行有计划的人工选择，从而培育出优于国内现有种的新品系或者亚种。

但是，还有一种更为重要的选择方式，我将其称为“无意识的选择”。这是由于人们都希望拥有最优良的动物个体，并将之繁殖下去的结果。例如，饲养向导犬的人一定会竭尽全力寻求优良的狗，并令其进行繁育，但是他不会要求或期待持久地改变该品种。

然而，我们能够预见，假如这一程序一直持续数百年的话，那么一定能改变并改进所有的品种。正如贝克韦尔、科林斯等人所得到的结果一样，他们依照同样的方法，经过更加缜密的计划，在他们有生之年，很大程度地改变了牛的体型和品质。

物种变化是缓慢、不易觉察的

除非是在很久之前就对研究中的品种进行准确的计量或细致的描绘，以便未来比较使用，否则那些发生缓慢、不易察觉的变化就不能被辨识出来。但是，在某些情况下，同一品种在文明较落后地区的个体间没有变化或稍有一点儿变化，因为在那里品种很难得到改进。

查理士王小猎犬

我们应该相信从查理士王当政时起，他钟爱的长耳猎犬就在无意识的选择下发生了巨大的改变。一些很有才能的权威专家认为，侦察犬的祖先是长耳猎犬，它们是在缓慢的进程中逐渐改变产生的。大家知道，英国的向导犬在18世纪发生了重大变化，这种变化的出现是向导犬与猎犬杂交的结果。其中，与我们的讨论有关的是：这种变化是无意识地、缓慢地进行的，但变化的效果非常明显。以前的西班牙向导犬确实来源于西班牙，但博罗先生说，他从未见过一只西班牙本地犬和英国向导犬相像的。

在经过相同的选择程序和细心的训练后，改良获得的英国赛马在速度和体格上，都远远超过了其亲种阿拉伯马。所以，按照古德伍德赛马规则，阿拉伯马的载重量被减轻了。斯潘塞勋爵和其他人曾经提出过，英国牛与之前饲养在本国的原种相比较，其重量和早熟性都大幅增加了。把早期论文中论述的印度、英国、波斯的信鸽和翻飞鸽状态与现代的状态加以比较，我们可以追踪出这些鸽子极其缓慢的变异阶段，通过这些阶段，它们最终形成了与岩鸽如此不同的样貌。

无意识的选择

尤亚特举了一个很好的例子，来说明无意识选择的效果，即饲养者事先没有预期过甚至根本没有希望过的结果发生了，从而产生两个不同的品系。尤亚特先生说，伯吉斯先生和巴克利先生所饲养的两群莱斯特绵羊，都是从贝尔韦尔先生的原种绵羊纯系繁育来的，而且他们两人分别养殖那些绵羊都超过了50年的时间。熟悉这一问题的人，一定都不会质疑，这两位先生所养的绵羊血统绝对与原品种一致，并没有一丝混杂。但他们所养绵羊之间的差异却如此之大，以致它们的外貌像是两个完全不同的变种。

如果现在有一种未开化的原始人，其文明比较落后，即使他们从来不考虑家养动物后代的遗传性状，但当他们遇到饥荒或者其他灾害时，为了某些特定的目的，他们也会将某些特别有用的动物细心保存下来。于是，挑选出来的动物比起“劣等动物”留下的后代肯定会更多一些。如此一来，他们便产生并进行了无意识的选择。我们都知道，火地岛那些未开化的人非常重视自己的动物，以致在饥荒的时候，他们宁肯杀死年老的妇女，也不舍得杀狗，因为在他们看来，这些年老妇女的价值没有狗高。

火地岛：位于南美洲的最南端。因为航海家麦哲伦首先看到的是当地土著居民在岛上燃起的一堆堆篝火，于是将此岛命名为“火地岛”。

同样对于植物，人们也是通过不断且偶然地保存最优个体，才逐渐改进其物种的。不管这些物种最初出现时是否存在明显差异，也不管它们是否由两个或者多个物种品系杂交而成，我们都能清楚地看出物种改进的过程。现在看到的部分品种，比如三色堇、蔷薇、天竺葵、大丽花，还有一些植物的变种，在美观和大小方面比起原品种或物种都有了很大的改进。即便人们可以从野生的贫弱梨苗培育出上等品种，然而事先也没有人会想

梨花

梨果

梨　隶属于被子植物门，双子叶植物纲，蔷薇目，蔷薇科，苹果亚科，梨属，为多年生落叶乔木果树，叶子近卵形，花多白色。我国多在华北、东北、西北及长江流域各省产梨。吃梨的时候，感觉到的一个个硬硬的颗粒名叫石细胞。石细胞广泛分布于植物的茎、叶、果实和种子中，可以增加植物器官硬度，起到支撑作用。专家们通过不断尝试培育新种，试图减少梨果肉中的石细胞，使其更加适口。

到能从野生三色堇或大丽花的种子得到上等的三色堇或大丽花。

很久之前，没有人会期待野生梨的种子能培育出上等的软肉梨。虽然古代已对梨进行了栽培，但从普利尼的描述可以看出，当时梨的果实品质是极差的。园艺著作中记载的技巧让我十分惊叹，园丁能从如此品质低劣的材料中培育出如此优秀的成果。虽然他们所采用的技术十分简单，但最终却完成了一种无意识的选择。这些园丁的做法主要是：

> 取得最好的变种来种植，播下它们的种子，如果碰巧出现了更好的变种，再及时选择，反复这样持续进行。

当然，我们现在最优秀的果实，在某种程度上依赖于古代园丁无意识选择下获得的最优品种，但当那些园丁种植下可能会得到最好果实的梨树时，他们一定不会想到如今我们收获的美味的梨是什么样子的。

对人类有用的状态

正如我上面所说，**大量的变异是在极其缓慢的和毫无意识的情况下被积累起来的**。这正好能帮助我们解释很多熟知的事实：

> 在很多情况下，对于长期栽培在花园和菜园中的植物，我们已经很难辨认出它们的野生原种了。许多植物

改变或改进成如今对人类有用的状态，一般都需要经历数百年或数千年的时间。

因此，我们就不难理解，为什么在澳大利亚、好望角或是那些未开化的人居住的地方，无法找出一种值得我们栽培的植物。在这些地区，植物种类非常丰富，而且毫不缺乏可以形成有用植物的原始物种，但就因为没有经过持续的选择，而未达到在文明发达的国家里生长的那些植物的完善程度。

谈及未开化人所饲养的动物，有一点不能忽视，那就是至少在某些季节里，这些动物常常需要为食物而斗争。在两个环境非常不同的地区，构造上或体质上稍微有差异的同种个体，常常在其中一个地区生存得更好一些。于是，**"自然选择"**（后面会具体说明）便会使该物种形成两个亚种。这也就能部分解释某些著作所写的事实，即**未开化人饲养的变种，常常比文明国度所养的变种具有更多的原始种性状**。

根据人工选择的作用，我们能马上明白，为什么家养品种在构造和习性上会适应人类的爱好或需求。同时，我们也就容易理解，为什么家养品种常常出现畸形，以及为什么家养品种外部性状差异那么大，但内部器官的差异却十分微小。除了能看见的外部性状外，人类极难甚至几乎不可能对内部器官的变异进行选择，除非自然首先在一定程度上向人类提供一些微小的变异。

其实，要不是有人看到一只鸽子的尾巴在某种程度上已发生了细微变异，人们绝对不会想去尝试培育扇尾鸽；要不是有人看到了一只鸽子的嗉囊较之前异常膨大，人们绝对不会想去尝试繁育突胸鸽。任何性状，在最初被发现时，越异常越容易引起人类的关注。

但我认为，扇尾鸽是人类一直有计划、有目的培育出来的这一说法，肯定是不正确的。最初那个选择饲养尾羽较大品种的人，绝没有想到这只鸽子的后代经过长期连续的、半有计划或半无意识的选择后，最终会成为什么样子。所有扇尾鸽的祖先大概只有稍微能够展开的14支尾羽，就像现代的爪哇扇尾鸽那样，或像其他特殊品种一样具有17支尾羽。而突胸鸽的祖先，其嗉囊膨胀也许仅与现代浮羽鸽食道膨胀程度相似，但对于浮羽鸽食道的膨胀习性，现在已不被养鸽者们注意，因为它不是浮羽鸽的主要特点。

大家不要认为，只有那些具备极大偏差的构造，才会引起养鸽者的注意。养鸽人能够觉察出十分微小的差异，因为人类的天性就是会对自己的所有物任何新奇的地方加以重视，无论这个新奇点是否微小。我们不能用已经形成的现今几个品种的价值标准，去衡量以前同一物种个体之间的细微差异。大家知道，即便在现在，家鸽也偶尔会发生各种细微的变异现象，但这些变异往往被视为品种的缺点，或偏离完美标准而被遗弃。

图卢兹鹅：隶属于脊索动物门，鸟纲，雁形目，鸭科，是世界上最大的一种家养鹅，因原产于法国西南部的图卢兹镇而得名。

普通鹅没有发生过任何明显的变种；图卢兹鹅与普通鹅相比较，只在颜色上有所不同，而且这个性状还极不稳定。但近年来，这两种鹅已经被当作不同品种出现在家禽展览会上了。

家养生物的未知起源

前文所述观点可以很好地解释经常被提起的一种说法——我们几乎从不知道任何家畜的起源或历史。实际上，生物品种的起源就像语言中的那些方言起源一样，几乎无法确定。人类保存并繁育了在构造上有微小差异的个体，特别注意了优良个体间的交配，于是这些个体便得到了改进，并使它们逐渐扩散到邻近的地方去。但是，这些个体很少有确定的名称，并且它们的价值也很少引起人们的重视，所以其历史自然也就被忽略了。然而，这些个体依然在缓慢地逐步改进，并且散布范围越来越远。当被看作有价值的或特殊的品种时，它们才开始拥有地方名称。

在半文明的国家里，因为交通不发达，所以新品种的传播过程很缓慢，一旦该品种的某些价值被人发现以后，那么按照无意识选择的原理，该价值就会逐步得以发展。当然，品种的盛衰要根据当地居民的意识而定，可能在某一时期养得多些，而在另外一个时期养得少些；或者依照居民的文明状态而定，可能在某些地方养得多些，另一些地方养得少些。但无论如何，这些品种的新特性总会在缓慢生长与繁殖过程中逐渐得以加强。

不过，正是因为这种改进过程极其缓慢且不易察觉，所以非常遗憾的是，它们极少有机会被详细完整地记录并保存下来。

人工选择的有利条件

个体数量是人工选择成功与否的重要条件

现在，我要简单地讨论一下，人工选择的有利条件和不利条件。**高度变异性明显有利于人工选择**，因为它可以提供丰富的选择材料，来保证人工选择的顺利进行。即使只有个体发生变异，那也足够了。如果能给予细致的观察，也可以让变异朝我们希望的方向积累起来。那些对人们明显有利的或适应人类爱好的变异，虽只是偶尔出现，但如果饲养的个体多，变异的机会也会大大增加。所以，个体数量是人工选择能否成功的重要条件。

约克郡：英格兰东北部的一个郡，是英国的“纺织之乡”，也是重要的文化、农业之乡。

根据这个原理，马歇尔曾对约克郡各地方的绵羊做过如下叙述：

> 绵羊从来无法改进，因为它们通常是由穷人饲养，而且基本上都是小群圈养。

与之相反的是，园丁们可以栽培大量的同种植物，因此他们在培养有价值的新变种方面，比业余者更容易获得成功。大量的动植物个体，只有在有利于它们繁殖的环境中才能被培育出来。但如果动植物个体数量太少，无论它们的品质如何，让其全部繁殖，势必会影响和妨碍选择。

当然，最重要的因素是，**人类必须高度重视动植物的价值，并密切关注它们的品质和构造上的微小差异**。如果不加以仔细观察，那么选择成效不会太大。我曾经见过有人严肃地指出，在农民开始注意草莓时，草莓就开始变异了。这的确是极大的幸运，因为草莓在被人类栽培以来，毫无疑问会时常发生变异，只不过对于那些微小的变异，人们不曾留意而已。农民选出一些特殊植株，例如果实稍微大些、稍微早熟些或稍微好些的，之后由它们培育出幼苗，再选出最好的幼苗进行繁育（过程中同时用种间杂交相辅）。于是，很多具有优良品质的草莓就这样被培育出来了，而这就是近半个世纪人们培育的成果。

草莓植株、花、果实和种子

草莓：隶属于被子植物门，双子叶植物纲，蔷薇目，蔷薇科，蔷薇亚科，草莓属，为多年生草本植物，共约50种。草莓原产于南美洲，现世界各地均有栽培。

种间杂交：异种生物体通过杂交产生杂种子代的手段，是远缘杂交的一种。

防止杂交的作用

在动物方面，防止杂交是培育新品种的重要因素之一，至少有些地区的品种是如此而来的。因此，圈养动物是十分有效的方法。流动量大的未开化人，和开阔平原上的居住者，他们饲养的同一物种几乎只有单一的一个品种。

鸽子一般终生只有一个配偶，这对养鸽人而言十分便利，所以即使将不同品种的鸽子混养在一个鸽笼中，这些鸽种也能保持纯种并加以改进。由此可见，这是新品种形成的有利条件。还要补充一点，鸽类可以大量而迅速地繁殖，而劣等的鸽子可被食用，自然就将它们淘汰了。

与之相反的是猫，猫有夜间漫游的习性，因此不易控制它们的交配。虽然妇女和孩子都喜欢猫，但是我们极少看到一个独特的品种能长久保存下来。一般我们见到的猫中的特殊品种，基本上都是从国外进口的。虽然我并不怀疑，某些家养动物的变异性小于另一些家养动物，但像猫、驴、孔雀和鹅等动物，之所以变种稀少甚至没有，则主要是因为选择未发生作用。

猫是因为难于控制杂交。驴则是因为数量少，由穷人所养，且多不注意选种。不过，近年来在西班牙和美国等地，因有人注意了选择，所以这种动物也有了惊人的改进。

孔雀由于其不易被饲养，所以不会有大量繁殖的可能。

鹅因为其只有肉和羽毛这两点有价值，所以人们对鹅是否有奇特的品种并不感兴趣。我在别处也曾说过，鹅在家养条件下，虽有细微的变异，但其品质特征似乎很难发生变化。

Chapter 2

自然状况下的变异

物种与变种

除了下面所述的情况，变种与物种是无法相互区别的：

第一种情况，找到两者中间的过渡类型。

第二种情况，两者间具有若干不定的差异量，因为如果变异极其微小的话，那么即使两个没有密切关系的类型，通常也会被列为变种。

不过，至今我们还不能确定，多大的差异量才可以把两个类型视为物种。

论点1 无论在何地，只要属内某一物种的个体数量超过平均数，那么该物种也常会有超过平均数的变种。

论点2 大属的物种之间有着程度不等的密切关系，它们形成小群，并环绕在其他物种的周围。

论点3 和别的物种非常近似的物种，其分布范围肯定是受限制的。

根据上述论点可知：**大属内的物种和变种非常相似。**

如果物种曾经就是变种，并逐渐由变种发育而来，那么我们便完全可以理解物种与变种之间的类似性。倘若物种是被上帝一个个独立创造出来的，那么物种与变种间的类似就很难解释了。

我们还认识到：

- 在各纲中，各大属的最繁盛的物种或优势物种，基本上一定会产生最大数量的变种。
- 以后我们会慢慢看到，那些变种有变成新的以及明确物种的倾向，所以大属将会变得更大。

在自然界中，目前占优势的那些生物类型，因产生大量变异及优势后代，所以其后代将更占优势。因此，经过一些步骤，大属有可能分裂成许多小属。由此可见，**世界上所有的生物类型，都会一级一级地不断分下去。**

变异性

自然状态下的变异

我们在将前面章节得到的各种原理，应用到自然状态之前，必须先简单讨论一下：**生物在自然状态下是否容易发生变异。**

要想充分搞清这个问题，我必须列举大量枯燥乏味的事实，不过我准备把它们留到将来的著作中再作讨论。在此，我也不打算讨论“物种”这一术语的各种不同定义，因为没有任何一个物种的定义能让所有的博物学家满意。

每个博物学家在谈到物种时，都含糊地有着自己的认识。“物种”这个词，通常包含着某些未知因素的创造作用。而对于“变种”这一术语，同样也是难以给出定义。但“变种”一般被普遍理解为包含共同祖先的意思，虽然对此我很难提供证明。另外，我之前提到的“畸形”一词，也很难定义。不过，“畸形”已逐渐被“变异”所替代。

我个人认为，**“畸形”是指构造上存在显著偏差，且这种差异对物种而言通常是不利的或者无用的。**有些著者给“变异”一词的专门定义是，那种由物理生活条件直接引起的变化，而且假定这种变异是不能遗传的。但我们看一看这些例子：波罗的海半咸水中贝类矮化状态、阿尔卑斯山顶上植物的矮化状态、极北地区动物的厚毛状态，在一些情况下，这些物种至少遗传了好几代。我认为这种情况下的生物应该被称为“变种”。

畸形

我们还不清楚，在家养物种中，尤其是植物里，那些偶然出现的和显著的结构偏差是否可以在自然条件下永远遗传下去。所有生物的各个器官几乎都与自己的复杂生活条件有着微妙的联系，其中最令人惊奇的是，所有器官都能自发而完整地发育，就像人们完美地创造出一台结构精密的仪器一样。在家养条件下，畸形时有发生。这些畸形在与本物种差异很大的其他物种身上，往往表现的是正常的结构。

有些猪天生口部就比较长，如果同一属的其他野生种也具有类似的口部结构，那么也许可以将这一现象看成畸形。但是，我经过长期的观察，发现那些同样具有较长口部结构的猪，虽然身体状况都很正常，但其身体结构都有细微的差异。

家猪

由此可见，猪的这一畸形可以很好地说明这个问题，即这种畸形即便曾出现在野生种身上，而且该种也能正常繁殖（但大部分的情况都不是这样），那也是因为它们拥有非常有利的条件，才能将这种畸形保存下来，但是这样的事情发生的概率是很小的，并且十分特殊。另外，如果让这种畸形个体与普通类型进行杂交，这种畸形变化就会逐渐消失。

那么，怎样才能将这种单独性的或偶然性的变异保留下来，使之得以延续呢？我会在下一章进行讨论。

个体间的差异

个体差异出现在哪些器官

个体差异是指，**相同父母的后代之间会出现许多细微的差异，或在同一局限区域内栖息的同种个体间的差异。**谁也不会认为，同种的所有个体是从一个模型塑造出来的。这些个体之间的差异是非常重要的。众所周知，这些个体差异一般都是可以遗传的，所以它们为自然选择提供了条件和积累。这种自然选择和积累与人类在家养生物中向着某一特定方向有计划积累个体差异的方式是一样的。

博物学家们认为，个体差异一般发生在生物不重要的器官。但我可以用大量事实来证明，无论是从生理学还是分类学角度来评判，那些被称为重要器官的部分，也常发生同种个体间的变异。我相信，即使最有经验的博物学家，若能像我多年来一样，收集到大量关于变异的事例，那他也会因发现如此多的变异事例而感到惊叹。

应该牢记，分类学家一般都不乐意在生物的重要性状发现变异，而且很少有人愿意辛勤地检查内部重要器官，并同时在众多同种个体间去比较它们的差异。也许没有人能够预料到，昆虫靠近大中央神经节周围的主干神经的分支，在同一物种里也会发生变异。

介壳虫：隶属于节肢动物门，昆虫纲，同翅目，蚧科的一类昆虫的总称。据统计，现大约有7500种介壳虫。大多数该类昆虫能分泌蜡质，在体表形成介壳，因而得名。介壳虫是花卉和果树上最常见的害虫，常群集于枝、叶、果上，以吸取植物汁液为生，严重时会造成枝条凋萎或全株死亡。常见的种类有吹绵蚧、樟蚌圆盾蚧等。

或许人们一直认为这种性质的变异只能是缓慢发生的，但卢伯克爵士曾指出，介壳虫的主干神经分支的变异就像树干的分支那样呈现出无规则形态，而且他也曾提到某些昆虫幼虫内肌肉的排列也很不相同。当有些学者声称“重要器官绝不会发生变异”的时候，他们统统是采用循环推理的方法来论证的。

实际上，这些学者是把不变异的部分列为重要器官（他们中有人已经承认了这一点）。按这种观点，重要器官发生变异的实例当然难以找到。若换成其他观点，人们一定会列举出许多重要器官也会发生变异的例子。

“变形的”和“多形的”属

有一个与个体差异有关联的问题，那就是所谓的“变形的”或“多形的”属，即该属中的物种会表现出极大的变异量。这一点极为令人困惑。对于这样众多的类型，究竟应将其列为同一物种还是变种，博物学家们众说纷纭。

对此，我可以列举出的例子有：悬钩子属、蔷薇属、山柳菊属，还有昆虫类和腕足类中的一些属。

腕足类：即腕足动物门，全部生活在海洋中，属于无脊椎动物。体外具背腹两壳，背壳小，腹壳大，腹壳后端常具一肉质柄，以固着外物。腕足动物现存种类不多，约300种。其于寒武纪晚期出现，繁盛于奥陶纪至二叠纪，化石种约有3万种。现存种的代表为海豆芽。

蔷薇属 这里以蔷薇属为例来说明，同属下种间的相似性与差异。蔷薇属包括玫瑰、月季和蔷薇这3种常见种，它们之间既相似又略有区别。玫瑰大多密生枝刺，花香气浓郁，一年开一次，极少数开多次。月季较玫瑰花大，花少数至单生，且大部分没有香气，一年开花多次，极少数开一次，枝多无刺。蔷薇花小，单瓣或重瓣花，伞房花序（每朵花都生在一个主轴上，但每朵花的花柄长短不等，下层花的花柄较长，使每朵花最后都在一个水平面上，例如梨花、樱花等），一年开一次，其枝刺较大且一般有钩。

在大部分多形的属中，有些物种具有稳定的且固定的性状，只有少数一些物种是例外的。而在某些地方表现为多形属的，在其他地方也是多形的。从对早期腕足类的研究中可以判断出，在古代腕足类的性状也是如此。这些事实让人非常困惑，似乎变异与生活条件无关。我猜想，是因为**这些变异对于物种而言，无害抑或无用，所以自然选择无法对它们起作用，也无法让它们固定下来。**这点我会在以后解释。

同一物种出现的与变异无关的巨大差异

要知道，同一个物种个体间有时候会出现与变异无关的巨大差异。例如，有些动物的雌雄个体间，即无生育能力的雌性昆虫的二、三职级之间，以及很多低等动物的发育不完全状态和幼虫状态之间，都有着很大的差异。

又比如，动植物中都存在着二形性和三形性的例子。近来，华莱士先生已经注意到这个问题，他指出，生活在马来群岛的某种蝴蝶，其雌性个体有规律地表现出二形性甚至三形性，但却没有中间类型。弗里茨·米勒也曾指出，一些巴西甲壳类雄性个体也存在类似情况，但更为异常。

二形性和三形性：都是多形性的一种，是指同一物种（有时是同一个个体）内出现多种相异性状的现象，二形性就是具有两种性状，三形性就是具有三种性状。

甲壳类：即甲壳纲，属于节肢动物门，常见的种类有中国对虾、日本沼虾等。

异足水虱

异足水虱的雄性个体有规律地表现出二形性：其中一种类型具有强壮且形状各异的钳状爪，另一种则具有多嗅毛的触角。

尽管多数动植物的二形性和三形性之间，并不存在中间类型，但是这些中间型应该存在过。

正如华莱士先生所说，生活在同一岛屿的某种蝴蝶有着许多变种，这些变种间都由中间类型相连接，从而形成一条变种链。在这条链两端的物种，与岛上另一种十分相似的二形性物种中的两个类型十分相似。

蚁类也存在这种情况，不同职级的工蚁一般也有很大区别，但这些不同可由一些差异很小的变种串联在一起。关于这点，我随后会举一些实例。据我的观察，二形性植物与动物的情况很相似。例如，某些种类的雌性蝴蝶可以同时生产三种不同的雌蝶和一种雄蝶，而一些雌雄同体的植物能在同一植株上产生三种类型的种子。这些种子发育出的植株虽然也是雌雄同体，但是其雌蕊和雄蕊却有很大差别。

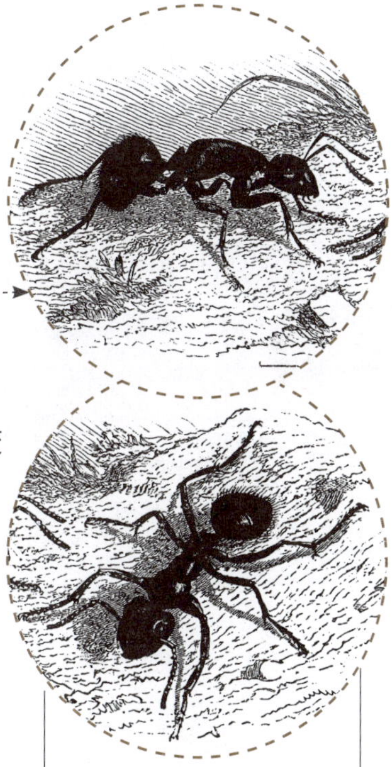

工蚁：无生殖能力，在蚁群中数量最多，承担觅食、哺育幼虫和筑巢等工作。

这些看上去似乎很不可思议，但这些例子却能很好地解释接下来我要论证的事实，即同一雌性所产生的后代中，雌雄间的差异往往会到令人吃惊的地步。

可疑物种

判断“变种”与“物种”的标准

有些类型在一定程度上具有物种的性状，但因为它们与其他一些类型相似，或者还有中间过渡类型把它们连接在一起，所以博物学家们不愿把它们列为不同的物种。这些类型在很多方面对于我们的讨论是十分重要的。我有充分的理由相信，这些可疑的并且十分相似的类型曾长时间持续地保有其自身性状。

其实，当博物学家用中间环节（类型）连接两个类型时，他就已经将一个类型视为另一个类型的变种了。他会将最普通的一种，一般是最初记载的那个类型作为物种，而将另一个类型看作变种。但是，若想判定一个类型是另一个类型的变种，即使这两种类型被中间环节紧密连接，也存在很大的困难。在此，我并不打算把众多困难列举出来，因为就算中间类型具有一般假设的杂种性质，也是无法解决这些困难。

未解之谜

无论是化石还是现存物种，大量中间类型的缺失是达尔文无法自圆其说的关键。但是，现存物种中也不乏一些具备达尔文所述中间型特征的物种，如腕足类，即腕足动物门的物种，它们同时具备原口动物和后口动物的特征，所以被看成这两类动物的中间型。再比如鸭嘴兽和针鼹，它们都是哺乳动物，但却是卵生，所以被视为爬行类和哺乳类的中间型。

不过，在多数情况下，一种类型之所以会被当作另一种类型的变种，并非因为确定找到了中间的连锁，而是出于观察者采用了类推的方法，从而使他们假定的这些中间类型目前确实在一些地方存在，或者它们以前可能曾在某些地方生存过。但这种推测方式，难免为怀疑或猜测打开了大门。

因此，判断一个类型究竟是物种还是变种，经验丰富且判断力良好的博物学家是唯一准则。在很多场合，我们必须依据大多数博物学家的意见来决定，因为极少有特征显著而又被我们熟知的变种，没有被几位有资格的鉴定家列为物种。

性质可疑的变种

性质可疑的变种非常普遍，这一点不值得争辩。比较几个植物学家所著的英国、法国及美国各地的植物志，我们就会发现植物类型数量多得让人惊讶。而其中，有一些被某一位植物学家列为物种的，却被另一个植物学家归为变种。

华生先生曾在许多方面给予我帮助，对此我十分感激。他以前告诉过我，目前在英国有182种已公认的变种，以前都曾被植物学家列为物种来研究。而华生先生在列出这些变种时，他已经去除了差异极小的变种，而这些之前也曾被某些植物学家视为物种。

此外，他还将几种高度多形的属完全排除了。

在类型最多的属内，巴宾顿先生列举了251个物种，而本瑟姆先生却只列举了112个物种。在这两位学者的观点中，两者竟有139种可疑类型的差距。

同样，对于那些每次生育都必须交配，而且又活动得十分频繁的动物，有一些可疑类型被某个动物学家列为物种，却又被另一个动物学家列为变种。这些可疑类型在同一地区很少出现，但在彼此生活的区域内却很普遍。在北美洲和欧洲，有一些彼此差异很小的鸟和昆虫，被一位优秀的博物学者认定为不可怀疑的物种，但却被别的博物学者认定为变种或地理种。

地理种：由于地理隔离而形成的变种。

美丽的蝴蝶就是鳞翅类动物

鳞翅类　即鳞翅目，昆虫纲第二大目，共约14万种。本目昆虫分为蝶类和蛾类，其中蛾类的种类占此目的90%以上。

华莱士先生发表过几篇有价值的论文，其中论述了栖息在马来群岛的动物，特别是对鳞翅类动物深入观察和研究之后，他将动物分成了4种类型：变异类型、地方类型、地理亚种（地理族），以及具有代表性的物种。

- **变异类型：** 在同一岛屿上，变异类有很多。
- **地方类型：** 在本岛上稳定，但与其他隔离岛比较则有很大的不同。但是，如果把几个岛上的所有类型都放在一起比较，就会发现，除了在极端类型之间存在明显的区别外，其他类型之间的差异十分微小且具有渐变性，所以我们很难区别和描述它们。

• **地理亚种**：是十分稳定、孤立的地方类型，但它们并没有明显的或重要的区别特征，所以只能根据个人意见和经验来判定哪个是物种、哪个是变种。

• **具有代表性的物种**：在各个岛的生态结构中，具有代表性的物种与地方类型、地理亚种有着同样重要的地位。但这些物种之间的差异，比地方类型、地理亚种间的差异要大得多，所以普遍被博物学家们定为真正的物种。

即便是这样，我们还是没有确切的标准来划分变异类型、地方类型、地理亚种以及物种。

物种与变种的区别

多年以前，我曾比较过加拉帕戈斯群岛及邻近岛上鸟类的异同，并将它们与美洲大陆上的鸟类比较（其他研究者也做过类似的比较）。其中，我最大的感触是：**物种与变种的区别是十分模糊和随意的。**

加拉帕戈斯群岛：位于东太平洋和三大洋流的交汇处，以拥有珍奇动植物而闻名，被称为“活的生物进化博物馆”和“海洋生物的大熔炉”。

沃拉斯顿先生在其著作中写道，马德拉群岛上的许多昆虫都是变种。但是，其中一定会有部分昆虫被昆虫学家视为不同的物种。甚至，在爱尔兰，有些被动物学家们列为物种的动物，如今早已被划分为变种。

马德拉群岛：位于非洲西海岸外的大西洋上，由含火山的岛屿组成。

亚速尔群岛：位于北大西洋东中部的火山群岛，由9座火山岛组成。

加那利群岛：位于非洲西北部的大西洋上，是非洲大陆西北岸外的火山群岛。

一些经验丰富的鸟类学家认为，英国红松鸡只是挪威红松鸡的一个比较特殊的变种，但也有许多人将它列为英国特有的物种。如果两个可疑类型的原产地相距遥远，那么博物学家往往会将它们看作不同的物种。

可是，人们不禁要提出疑问，到底多远的距离才足以划分为不同的物种呢？如果美洲和欧洲间的距离足够远，那么欧洲与亚速尔群岛、马德拉群岛或加那利群岛之间的距离是否足够远了呢？再则，这些群岛的诸岛之间的距离又是否足够远呢？

沃尔什先生，美国著名的昆虫学家，曾研究并详细描述过他眼中的植食性昆虫的变种与植食性昆虫的物种：

大多数植食性昆虫通常以一个种类或一个类群的植物为食；还有一些昆虫取食多种植物，却不会因此发生变异。

不过，沃尔什先生发现，以不同植物为食的昆虫，在其幼虫期或成虫期，或在这两个时期的过渡时期，昆虫的颜色、大小或分泌物性质等方面都出现了一些细微但固定的变异。而这些差异有的只在雄性个体中体现，有的则在雌雄两性均有体现。如果这些差异非常明显，且同时出现在雌雄两性及幼虫、成虫时期，那么所有昆虫学家都会将这些昆虫视为名副其实的物种。但是，即便观察者可以清楚而肯定地做出判断，知道哪些应列为物种，哪些应列为变种，他也不能替别人做出判断。

沃尔什先生把那些假定可以自由杂交的类型归为变种，而把那些已丧失这种能力的类型归为物种。形成上述差异的原因在于：**昆虫长期食用不同的植物，因此不能找出连接若干类型的中间过渡类型**。如此一来，博物学家们在将可疑类型划分到物种或者变种时，就失去了最好的依据。

同样，这种情况必然也会在不同大陆或不同岛屿的相似生物中存在。另外，有些生活在同一大陆或同一岛屿的植物或动物，因分布在不同地区而出现了不同类型，那么我们就有机会发现连接两个极端类型的中间类型，于是这些类型就会被降为变种一级。

少数博物学家坚持认为动物没有变种，在这种观点下，他们把极小的差异也看作具有物种价值的分类特征。他们会将在两个距离较远的地区或两个地层发现的两个相同类型，认定为外表相同的不同物种。于是，物种就成了一种毫无用处的抽象名词，它只意味着假定独立创造的作用。确实，有一些在性状上与物种十分相似的类型，被一些优秀的鉴定者列为变种，而被另外一些优秀的鉴定者列为物种。在物种、变种的定义没有得到普遍认同前，我们讨论它们究竟应归于哪一类都是毫无意义的。

地层：地质学专业术语，即地质历史上某一时代形成的成层的岩石和堆积物。

目前，有许多特征明显的变种和可疑物种十分值得我们去观察和研究。人类在试图给它们分类的过程中，已经从地理分布、相似变异、杂交等方面展开了有趣的讨论。但因篇幅有限，我就不在这里详谈了。在大多数情况下，周密的考察和仔细的研究，往往使博物学家们在可疑类型的分类上获得一致的意见。然而，我们不得不承认，当我们对一个地区研究得越透彻，我们就能在那里见到越多的可疑类型。

下列明显的事实引起我极大的注意：任何动物或植物的变种，如果被普遍地记录下来，往往是因为这些动植物对人类十分有用，或有其他的用途和目的，从而引起人类密切的关注。这些动植物常常被单独归为物种。以普通的栎树为例，它已被研究得十分透彻，然而一位德国学者居然从其他植物学家一致认为是变种的类型中，确定出12种以上的物种。在英国，一些权威的植物学家和实际工作的研究者认为，无梗或有梗的栎树全都是十分优秀的特有物种，而另一些人则认为它们仅仅是变种。

栎树：隶属于被子植物门，双子叶植物纲，壳斗目，壳斗科，栎属，多年生落叶或常绿乔木。

我准备在这里提一下，康多尔近来发表的关于论述全世界栎树的著名报告。在区别物种方面，从来没有人像他那样拥有非常丰富的材料，也从来没有人能像他那样热心、敏锐地研究它们。首先，康多尔详细列举了若干物种在构造方面的变异情况，并用数字计算出变异的相对频率，甚至展示出“在同一枝条上发生12种以上的变异性状”的例子。在他列举的众多变异中，有些是因为年龄或发育而造成的，还有一些变异并未找到原因。当然，这些性状并没有物种的价值，但正如阿沙·格雷评论这篇报告时所说，康多尔先生罗列的这些性状，一般都被列入判断物种的根据中了。康多尔说，他将某一类型认定为物种，是因为这类型具有在同一植株上永远不会变异的特点，且此类型绝不会与其他类型存在中间类型的关系。

栎树的花

这些都是康多尔辛勤研究的成果，此后他又强调：“有些人始终认为绝大多数物种界限都非常分明，可疑物种只是极少数的，这种观点是错误的。对于我们了解甚少，仅靠一小部分标本就确定物种的属，才会出现这种情况，因为在这些属内物种都是暂时假定的。当我们对于这些属深入了解后，中间类型会被不断发现，随之我们对物种界限的怀疑也就会增加了。”

康多尔还补充说，越是人们熟知的物种，越具有较大数量的自发变种和亚变种。比如夏栎，有28个变种，除了其中6个变种以外，其他变种都包含在有梗栎、无梗栎和毛栎3个亚种中。这3个亚种的中间类型是很少的，正如阿沙·格雷所认为的那样，连接类型已变得越来越少。假如中间类型全部灭绝，这3个亚种间的关系，基本上就与夏栎周围密切环绕的四五个假定物种的关系完全相同了。

栎树的种子

康多尔在最后承认，他在“绪论”中列举的300个栎科物种中，至少有2/3是假定的物种，因为无法确定它们是否完全符合前面所讲的真正物种的定义。在此还需指出，康多尔已不再相信物种是不变的创造物，他的结论是：物种进化符合自然规律，“而且是与古生物学、植物地理学、动物地理学、解剖学和分类学等学科已知的事实最为相符合的学说”。

物种与亚种之间没有明显的差异

如果一位经验不足的博物学者开始研究一类他不太熟悉的生物类群时，他首先遇到的困惑会是：

什么样的差异可以算作物种级的差异？什么样的差异只能算作变种级的差异？

因为博物学家不清楚这类生物发生变异的种类和数量。这也能说明某些变异是非常普遍的。当这位博物学家将其全部注意力集中在某一个地区的一类生物上时，他很快就能找到如何去判别大部分可疑类型的方法。

起初，博物学家凭借所见所闻和经验的积累，帮自己快速判别出很多的物种。其实道理很简单，就像我之前提到的养鸽爱好者和家禽饲养者一样，当人们长期不断地研究各类型间的区别时，大量的差异能给人们留下深刻的印象。因为这位博物学家缺乏其他地区及其他生物类型相似变异的知识，所以他没有办法来校正他的最初认识。不过，随着他观察范围的进一步扩大，他一定会得到重大的收获——真正弄清楚物种与变种。

不过，要想做到这一点，博物学家必须承认大量变异的存在。而承认这一真理，通常会遭到其他博物学家的驳斥。若仅从现在已相互分隔的地区去研究近似类型，那么很难找到各类型间的中间过渡类型。之后，他只能完全靠类推的方法去研究，但如此下去，他一定会困难重重。

物种与亚种之间没有明显的界线。有些博物学家认为，亚种是那些十分接近又尚未完全达到物种等级的类型。同样，亚种与显著的变种间，以及不太显著的变种与个体差异之间，都没有明显的界线。显然这些差异被一条不易察觉的绳索牵扯在一起，而该绳索会让人觉得这是演变的实际途径。

虽然分类学家对个体差异并没有太大兴趣，但我觉得个体差异是非常重要的，因为这些差异是生物迈向轻微变种的最初步骤。而这些轻微变种几乎不被博物学家关注，所以只能在过去的典籍中找到点滴记录。而且，我认为，无论何种程度的变种，只要是较为固定和显著的变种，就能逐渐进入亚种行列，最终进化为物种。

差异从一个阶段发展到另一个阶段，在很多情况下，是源于生物的本性和所处自然条件的长期作用造成的。那些从一个阶段发展到另一个阶段的、同等重要的以及更能适应环境的变异性状，如果用自然选择的积累作用和生物器官的使用与不使用来解释，则更为稳妥。因此，**一个显著的变种可以被称为初期的物种**。至于这种想法是否正确，可以依据本书所列的大量事实和有分量的论点来判断。

不过，大家不要认为所有初期物种或变种都能发展到物种一级。在进化过程中，它们有可能长期停留在变种阶段不再演变，也有可能会灭绝。例如，沃拉斯顿先生提出的马德拉群岛陆地贝类变种的化石，以及加斯顿·得沙巴所举的植物都能证明这一点。假如一个变种很繁盛，甚至数目超过其亲种的数目，那么该变种就会被归为物种，而原来的物种却被称为变种；或新的变种取代并消灭了亲种；抑或亲种与变种两者并存，最终成为两个独立的物种。在后面，我还会讨论这一问题。

综上所述，我们可以得到以下结论：“物种”和“变种”这两个名词并没有根本区别。“物种”这一术语完全是为了论述方便。**所谓物种，是指一群非常相似的个体，而变种则是指变化较多，但差异又不显著的类型**。同理，还是为了方便，“变种”这一术语可以在个体间进行差异比较时使用。

分布广且分散大的常见物种易发生变异

我曾想过如果把几本优秀的植物志中的所有变种排列成表，一定可以从各个物种的关系和性质中得到些有意思的结果。起初，我认为这是一件简单的工作，但华生先生让我看到了其中存在的重重困难。对此，我要深深感谢他给予我的忠告和帮助。后来，胡克博士也强调了这件事的困难性。我将在以后的著作中讨论这些难点，并列出各变异物种的比例数。胡克博士在认真阅读了我的手稿，并审查了各类表格之后，他允许我补充说明这一点，并认为我下面涉及的论述是可以成立的。其实，要论述的这个问题非常复杂，而且我不得不涉及以后才会讨论的“生存斗争”“性状分歧”以及其他问题，所以我在此只能尽可能简单地叙述一下。

康多尔和其他学者曾明确指出，通常分布范围广的植物容易出现变种。这点并不难理解，因为分布广的植物生活在不同的自然环境中，并且要与各类不同的生物进行生存斗争（这一点与自然环境同样重要或更加重要，我在后文会详谈）。

在任何一个有限的地区内，最常见的物种（也就是个体数量最多的物种）以及在它们生存的区域内扩散最大的物种，经常出现有明显特征的变种。这些变种，除了有足以引起植物学家们关注的变异特征，有些还具有一定的价值，所以被记载下来。

因此，最繁盛的物种可看作优势物种（这里指分布范围最广且在其生存区域扩散最大、个体数量最多的植物），往往容易产生显著的变种，或按我之前说过的，叫作**初期物种**。这点基本上是可以预料到的，因为变种若想在某种程度上永久保存下来，就必须经过与这个区域内其他生物的斗争。那么，已经取得绝对优势的物种必然会产生最具优势的后代，即使这些后代存在着细微的变异，也依然会继承双亲优于同一地区其他生物的那些优点。

这里所说的优势，是指生物在相互竞争的过程中，不同物种所具有的优点，尤其是指生活习性极其相似的同属或同类生物个体的优点。

而对于个体数量的多少或是否常见，仅是对同类生物比较而言。比如，一种高等植物，如果它的个体数量、扩散范围都超过了同一地区或相同生活环境下的同类植物，我们就说它具有了优势。尽管在该地区的水中，水绵或其他寄生菌个体数目更多、扩散更广，但这种高等植物的优势仍然存在。当然，如果水绵和那些寄生菌在上述各方面都超过了它们的同类，那么水绵和寄生菌也就在同类生物中具有了优势。

水绵细胞

水绵　藻类植物，隶属于绿藻门，接合藻纲，接合藻目，水绵属。水绵是由一列细胞构成的不分枝的丝状体，细胞圆柱形。该类植物全部淡水产，是常见的淡水绿藻，繁盛时大片生于水底或成大块漂浮。水绵用手触及有黏滑的感觉，这是其独有的特点。

各地区大属物种比小属物种变异更频繁

优势物种的推论

如果我们把任意一本植物志上的某一地区的植物分为两个群：**大属和小属。其中，大属是指包含物种多的属，反之物种少的属归在小属的范围内。**这时我们就会发现，大属的群里含有较多常见的、扩散大的物种和数量较多的优势物种。这点基本上是毋庸置疑的，因为单从一个属在一个地区有很多物种这个事实上来看，就能证明该地区一定存在着有利于这个属的有机条件和无机条件，所以我们能够预料到在大属内，可以发现较大比例的优势物种。

有机条件：由生物因素构成的条件，例如生物与生物之间的捕食关系、寄生关系等。

无机条件：由非生物因素构成的条件，例如温度、水、空气等。

但是，研究结果却让我十分惊讶。比如，我的图表中大属内的优势物种只稍比小属多。有许多原因造成了这样的结果，在此我仅指出两个原因。通常淡水植物和咸水植物分布都比较广且扩散大，而这种情况似乎只与它们生长地方的性质有关，这与该生物所归的属的大小毫无关系或关系不大。再比如，低等植物通常情况下比高等植物扩散性更大，而这也与属的大小没有太大关联。

将“物种看作是特征显著、界限分明的变种”的观点，使我推断，各地区大属物种比小属物种更易出现变种。因为在任何一个形成多种近缘物种（同属物种）的地区，按照一般规律，应该会出现众多变种，即初期物种。这就像是在许多大树生长的地方，我们能找到很多幼苗一样，凡是在一个属内因变异而形成许多物种的地方，曾对变异有利的条件，一般将继续对变异有利。反之，假如我们认为每个物种都是被上帝分别创造出来的，那么我们就没有办法解释，为什么物种多的生物群会比物种少的生物群更容易出现大量变异。

独角仙

鞘翅类：动物界最大的一类，隶属于节肢动物门，昆虫纲，鞘翅目，共约35万种，统称甲虫。常见的种类有星天牛、七星瓢虫、独角仙等。

验 证

为了验证这种推论是否正确，我将来自12个地区的植物和2个地区的鞘翅类昆虫分为两个对照群：

第一个对照群：大属的物种。

第二个对照群：小属的物种。

事实证明：

- 大属组比小属组里产生变种的数

量更多。

● 大属组内物种产生变种的平均数比小属组内变种的平均数大。

即便我改变分组方法，将那些只有1～4个物种的属不列入表中，同样可以得到与上述相同的两个结果。而这些事实，显然对于说明**“物种只是明显且永久的变种”**这一观点具有重大的意义。由于同属内形成许多物种的部分，或者说在“物种制造厂”以前活跃的部分，我们通常会发现这些部分现在仍然活跃。因此，有充分的理由相信，新物种的制造过程是缓慢的。

如果我们将变种看作初期物种，那么前面所述观点肯定正确。因为我所做的图表清楚而明显地显示出一个普遍规律，即如果一个属产生的物种数多，那么该属的物种产生的变种（也就是初期物种）数目也会较多。这并非说所有大属现在都表现出了大量变异，都在增加种数；也不是说，小属至今都未发生过变异或是物种数量没有增加。如果真是这样，我的学说肯定会受到致命打击。地质学清楚地指出，随着时间的推移，小属常常会大量增加，而大属通常会在达到顶点后便开始衰败，甚至灭亡。因此，我想要阐明的仅仅是，在曾经形成许多物种的属所生存的地区，通常仍会有很多的物种在继续形成。这点符合实际情况。

大属物种间的关系及分布的局限性

大属内物种之间的差异与关系

大属中的物种和它们已有记载的变种之间，还有一些值得我们关注的关系。我们已经知道，目前还没有一个确实可靠的标准，能区分物种与其显著变种。所以，当两个可疑类型之间无法找到中间类型时，博物学家们只能依据它们之间的差异量来做决定，即用类推的方法来判断其差异量能否把一方或双方升到物种的等级。这样一来，差异量就成了决定两个类型是物种还是变种的重要标志。

弗里斯曾以植物、韦斯特伍德曾以昆虫为例说明，大属中物种间的差异量往往都很小。我曾经尝试用平均数来检验这种说法的正确性，虽然我得到的结果并不十分完全，但也可以证明这一观点是正确的。此外，我咨询过几位敏锐且经验丰富的观察家，在他们深入思考之后，也赞同这种说法。因此，从这方面来看，与小属内的物种相比，大属内的物种更像是变种。

这种情况我们还可以用另一种方法来解释，那就是在大属内不但有超过平均数的变种（初期物种）在形成，并且许多已形成的物种之间在一定程度上差别并不大。这是因为这些物种之间的差异，没有普通物种间的差异量大。

再进一步说，大属内物种之间的相互关系，与任何一个物种与其变种之间的关系是十分相似的。任何一个博物学家都不会说，同属内的一切物种彼此间的区别是相等的，所以一般情况下，我们将它们划分为亚属、组，甚至是更小的单位。

弗里斯曾经清楚地指出，小群的物种通常像卫星一样环绕在其他物种的周围。那什么是变种呢？变种实际上就是彼此关系不均等的成群类型，它们环绕在某亲种周围。当然，变种与物种之间存在着重要的区别，即**变种与变种之间，变种与亲种之间的差异量远远小于同属内物种与物种之间的差异量。**

瓢虫类

隶属于鞘翅目的瓢虫类，它们之间的差异并不大。

判断变种的局限性

还有一点要注意，通常情况下，变种的分布范围受到很大限制，这是不言而喻的。因为如果某个变种的分布范围比其亲种还要广，那么它们的名称就应该互换了。而且，我有理由相信，与其他物种十分相似且类似变种的那些物种，它们的分布范围会受到限制。

比如，华生先生曾从精选的《伦敦植物名录》（第四版）中挑选出63种被列为物种的植物，因为它们与其他物种非常相似，他质疑这些物种的地位。华生先生将不列颠岛划分为许多区，这63种可疑物种的分布范围平均为6.9个区。而在《伦敦植物名录》（第四版）中还记录了53个公认的变种，这些变种的分布范围平均是7.7个区，而这些变种所属的物种的分布范围平均为14.3个区。

由此可以看出，公认的变种和可疑物种（近缘类型）存在十分相似的有限分布范围，但这些可疑物种几乎都被英国的植物学家们认定为真正的物种了。

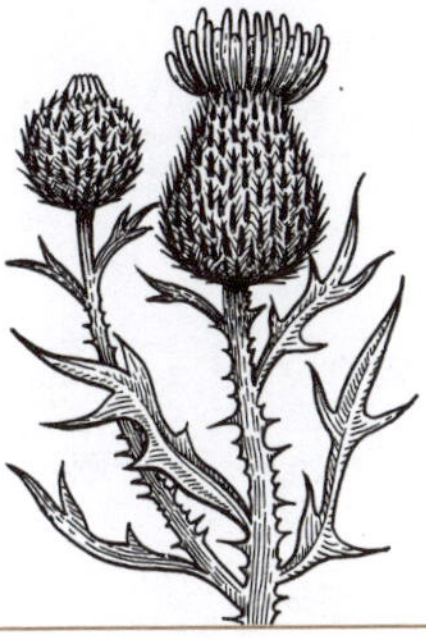

Chapter 3

生存斗争

生存斗争与自然选择的关系

物种是如何产生并适应自然的

在未开始讨论本章主题前，我不得不先说一说，生存斗争与自然选择之间的关系。上一章我们已经认识到，在自然环境中，生物会发生变异，我原来不知道这点还曾发生过争议。对我们而言，一群可疑类型究竟应称为物种、亚种还是变种，其实并不重要。就像英国植物中有两三百个可疑类型，只要认同显著变种的存在，将它们列为哪一级别又有什么关系呢？认识个体变异和显著变种的存在，是本书的基础，十分必要，但只靠这些还不能使我们理解：

- 自然界中的物种是如何产生的。
- 生物结构中的某一部分对别的部分或对其生活环境的良好适应，是如何达到的呢？
- 生物之间的相互适应是那般完美，这又是如何完成的呢？

例如，在啄木鸟和槲寄生之间，我们可以清晰地看到十分融洽的相互适应关系；依附于兽毛或鸟羽的低等寄生虫以及潜水甲虫的构造，还有那些依靠微风吹送的带有茸毛的种子等，都能让我们看到不太明显的适应现象。总之，生物的这种巧妙适应关系存在于世界的任何一个地方。

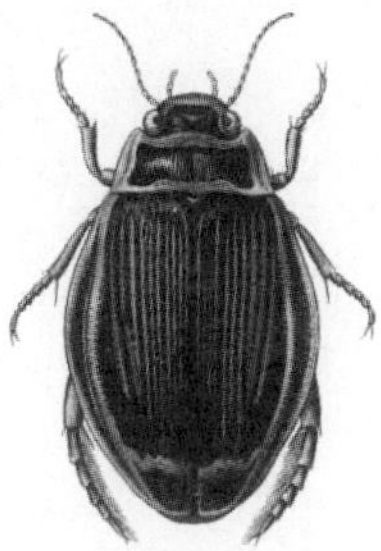

龙虱

潜水甲虫：多指龙虱科昆虫，隶属于节肢动物门，昆虫纲，鞘翅目，水生肉食性。

另外，还有一个问题：**那些被称为初期物种的变种，是如何发展为明确的物种的？**

绝大多数情况下，物种之间的差异比同一物种的变种之间的差异要大得多，而不同属的物种间的差异又明显大于同属物种间的差异。那么，这些物种又是如何产生的呢？应该说，这一切都可以用生存斗争来解释，后面我会详细讨论这个问题。

自然选择与生存斗争

正因为生存斗争的存在，所以无论是多么微小的变异，也不管是由什么原因引起的变异，只要这一变异对物种的个体有利，那么这些个体就会将有利变异保存下来，而且这些变异一般都可以遗传给后代。在所有物种定期产生的大量个体中，只有少数个体可以存活下来。由此可见，那些遗传了有利变异的后代，拥有较好的生存条件。

赫伯特·斯宾塞（1820～1903），英国哲学家、社会学家、进化论的先驱，被誉为“社会达尔文主义之父”。著有《人口理论》《心理学原理》等。

为了与“人工选择”加以区分，我将每一个有利的微小变异被保存下来的这种现象称为“自然选择”。不过，斯宾塞先生常用“最适者生存”这一说法，看起来更为准确也更为方便。我们已经知道，人工选择即通过积累“自然”赋予的那些微小变异，使生物更适于人类的需要，可以为人类带来巨大的效益。但是，自然选择是一种永无止境的力量，它的作用效果远远超过人工选择，两者相比，就像是用自然杰作与人工艺术相比一样。

现在，我们先粗浅地讨论一下生存斗争的问题。老康多尔和莱伊尔两位先生曾富有哲理地向我们说明，**所有生物都生活在激烈的生存斗争中**。对于植物，曼彻斯特区的赫伯特教长以卓越的才华对此问题进行了讨论，论述得十分精彩，这明显源于他在园艺学上的造诣。

在我看来，人们口头承认生存斗争这一真理并不难，但若能将这一真理时刻铭记在心中，就并非易事了。除非对生存斗争有着深刻的认识，否则面对整个自然组成，包括分布、稀少或繁盛、灭绝、变异等事实时，就会感到迷茫，也有可能会产生误解。例如，我们常看到自然环境所展现出来的愉悦和光彩之美，我们也总会看到丰富的食物，但我们没有发现或者忽略了那些自由歌唱的小鸟，在它们取食昆虫或植物种子的同时，也在不断地毁灭另一些生命。我们也总会忘记，这些鸟以及它们的卵或雏鸟也大量被食肉的鸟类或者食肉的其他动物所毁灭。我们都不应该忘记，即使目前我们看到的食物是过剩的，也并不代表每年、每季都是如此。

广义的生存斗争

我们首先应明确的是，**广义的“生存斗争”不仅包含生物彼此间的相互依存关系**，而且更为重要的是，它**还包含生物个体的生存以及能否成功繁衍后代**。

两只狗在食物短缺时，因饥饿彼此争夺食物，可以说它们是在为生存而斗争。而生长在沙漠边缘的植物，为了生存而抵抗干燥，也属于生存斗争——说这些植物是依靠湿度存活则更为准确。一株每年能结1000粒种子的植物，平均下来，只有1粒种子可以开花、结籽。这粒种子为了生存，与遍地生长的同类和异类进行斗争。依存于苹果树和其他树的槲寄生，与它的寄主做斗争。如果一棵树上生有太多的槲寄生，那么这棵树就会慢慢枯萎死亡，所以当大量槲寄生的幼苗集中于同一树枝上时，说这些寄生幼苗之间在进行斗争则更为准确。又因为槲寄生的种子是依靠鸟类来传播的，所以鸟类也是该植物生存权的决定者。很多种子植物都利用果实来引诱鸟类来取食，借机传播它们的种子，就这方面讲，槲寄生与其他植物进行着斗争。

我们上面提到的例子之间所蕴含的意义彼此相通，为了方便，我用一个具有概括性的术语——“生存斗争”来进行总结。

种子的传播 植物的种子一般通过风力、水力、动物和人类的携带来传播，也有通过自身的机械力进行传播的。通过风力传播种子的植物有很多，它们的种子通常细小质轻，能悬浮在空气中，被风吹到远处，如蒲公英的种子。通过水力传播种子的植物一般生长在水边、水中或沼泽里，其种子或果实能在水中漂浮，如莲和椰子。通过动物和人类传播的种子一般分为3种，一种是自身长有钩刺，可以挂在动物或人的身上，从而进行传播，如苍耳；一种是果实味道丰美，是多种动物的食物，但种子的种皮坚韧，不易消化，会随着排泄物一起排出动物体内，从而进行传播，如槲寄生；还有一种比较特殊，如松子，其本是松鼠等动物的食物，但松鼠习惯将食物深埋储藏，后来没有被吃掉的部分就会萌发成幼芽，从而起到了传播的作用。依靠自身的机械力传播的植物有大豆、喷瓜等，它们的种子多被包裹在荚中，荚在干燥的过程中，其细胞排列形式逐渐交错，产生扭裂现象，并借此把种子弹出，分散远处。

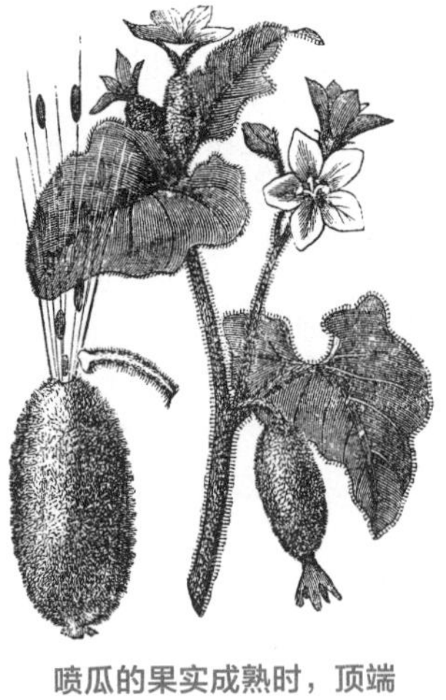

喷瓜的果实成熟时，顶端会生出裂孔，将种子喷出

生物按几何级数增加的趋势

几何级数

所有生物都有高速增加个体数量的倾向，所以必然会导致生存斗争。基本上，每一种生物在其一生中都会产生或多或少的卵或种子。这些生物在其生命的某一时刻、某一季节或某一年中，大部分肯定会遭受毁灭，否则按照几何级数增加的原理，它们的个体数量就会在短时间内变得越来越多，最终没有足够的地方可以容纳它们。

因为产生的个体多于能够存活下来的个体数，所以自然界中不可避免会出现生存斗争。也许是同种个体之间的斗争，或是不同物种之间的斗争，也有可能是生物与生存的自然环境条件之间的斗争。这正是马尔萨斯学说内容的一部分，将其应用于

几何级数：数学概念，可以表示成$a_y=a_1\times x^y$，即自然数a以x的y次方增长，y=1、2、3…n。如果$a_1=1$，x=2，那么a的增长模式就是1、2、4、8、16…。与此相对的是算术级数，即其增长的量是一个固定的数值，如1、2、3、4、5…。

托马斯·马尔萨斯（1766~1834），英国人口学家、经济学家，著有《人口论》。他指出，人口是按几何级数增长，而生活资源是按算术级数增长，所以不可避免地要导致饥荒、战争和疾病，从而使人口减少。马尔萨斯的观点启发了达尔文，使其推导出“生存斗争”这一法则。

整个动植物界更具说服力。

因为在自然界中，不能人为地增加食物，也不能谨慎地限制交配。虽然某些物种目前正在或多或少地增加个体数量，但并非所有的物种都是这样，要不然这世界肯定容纳不下它们。

如果每一种生物都能高速率地自然繁殖且不死亡的话，那么毫无例外，即使只有一对生物，它们的后代也会很快充满地球。就算是生殖速率低的人类，人口也可以在25年内增加一倍。如果以这样的速率计算，用不了1000年的时间，人类的后代将在地球上无立足之地了。

林奈曾做过计算：

第1年 1株一年生植物结2粒种子

一年生植物：植物生活型的一种，指在一年期间发芽、生长、开花然后死亡的植物。此类植物皆为草本，因此又常称为一年生草本（植物）。

第2年 这2粒种子生出的幼株又分别结2粒种子（种子数量为2×2）

这里是典型的以几何级数增长的例子，即a_1=1，x=2，y=1、2、3…20，a_{20}=1048576。

第20年以后 约繁殖出100万株这种植物。事实上，自然界中没有如此低产的植物。

在所有已知的动物中，象类被看作生殖最慢的，我曾努力去计算过它在自然增加方面可能的最小速率。

我们保守地假定：

象的寿命为100岁，具有生育能力的年龄是30～90岁，这期间一头母象能生育6头小象。

如果按这种假设去计算，在740年或750年以后，最初的一对象就会繁衍出1900万头后代。

生物按几何级数增长的事实证明

关于生物按几何级数增长这个问题，我们除了有单纯的理论计算，还有很多事实能够证明。在自然状态下，许多动物在连续两三个有利于生存和发展的季节里，会出现迅速繁殖的情况。尤其引人注意的是，很多家养动物，在世界的某些地方繁殖过快，甚至出现了返归野生状态的情况。

生育速度较慢的牛和马，在南美洲还有近几年的澳大利亚，增加了繁殖速度。若不是有确定的记载，我们简直难以相信。

植物也是如此，以从其他地方引入英国诸岛的植物为例，不到10年的时间，它们就遍布了全岛，并成为常见拉普拉塔平原：位于南美洲东南部，西面为安第斯山脉，东北面和南面为巴西高原和巴塔哥尼亚高原，东南面为大西洋，是南美洲第二大平原。

英里：长度单位，1英里约为1.61千米。

植物。有些植物，如拉普拉塔平原的刺菜蓟和高蓟，它们最开始都是从欧洲引进的，如今已在广大的平原上非常普遍，数万平方英里的地面上都是它们的身影，几乎看不到其他植物生长。

刺菜蓟和高蓟 都属于被子植物门，双子叶植物纲，菊目，菊科。菊科植物是植物家族较年轻的一群，最早的化石种发现于第三纪的渐新世（被子植物的兴起是在中生代的白垩纪，比菊科植物早了将近1亿年）。由于本科植物在结构和繁殖上都具有一定的先进性，比如萼片具有刺毛，利于种子传播；部分种类有块茎、块根、匍匐茎或根状茎等，利于营养繁殖的进行；花的构造更有利于昆虫传粉；等等，使其在种数和个体数上达到被子植物之冠。

此外，福尔克纳博士曾告诉我：

> 那些在美洲发现后输入印度的植物，有一些已从科摩林角分布到喜马拉雅山下。

科摩林角：位于印度洋南端，东临孟加拉湾，西靠阿拉伯海，南边则是印度洋，具有独特地貌。

根据上述这些例子以及其他无数的例子，没有人会认为这是因为动植物的生育能力突然增强或暂时增加的结果。对此，正确的解释应该是：**生存条件对这些生物有利，老、幼者很少死亡（毁灭），且同时几乎所有的后代都可以顺利成长并繁育。**几何级数增长方式可以对这些生物在新的地区快速繁殖并广泛分布进行简明的解释。可以说，几何级数增长的结果永远是惊人的。

生物遭受的抑制与毁灭

在自然状态下，每一个得到充分生长的成年植株，几乎年年都会产生种子。对于动物而言，只有极少数不是每年进行交配的。由此我们可以断定，所有动植物都有按照几何级数增加的倾向，只要某地可以生存，它们就会以最快的速度侵占此地。但是，这种几何级数增加的趋势不会一直持续，必定会在生存的某一时期，因出现死亡而受到抑制。

对于熟悉的家养动物，由于我们几乎没有看到过它们大量毁灭，所以很容易将我们引入误区，认为家养动物不会遭受大量死亡的威胁。实际上，我们忽略了每年都有成千上万的牲畜被屠宰供人类食用。同样，我们还忽略了，在自然状况下，一定数目的生物会因各种原因而被消灭。

有的生物每年能产上千的卵或种子，而有的生物产量很低。这两者之间的差别仅在于：在适宜生存条件下，生殖率低的生物，需要更长的时间才能布满整个地区。当然，前提是这个地区非常大。

一只南美秃鹰年产2个卵，鸵鸟年产20个卵，然而在同样的地区，南美秃鹰可能比鸵鸟多得多。

管鼻鹱每次仅产1个卵，但不用怀疑，它是世界上

管鼻鹱 隶属于脊索动物门，鸟纲，鹱形目。因其鼻孔像一条管子，故而得名。管鼻鹱生活在北欧斯堪的纳维亚以及格陵兰北部等地区的沿海地带。它们身上有麝香气味，并可向入侵者吐出臭油。其嗅觉能力惊人，不论是大拖网渔船，还是小钓鱼船，都会很快把它们从几千米外吸引过来，跟在船后捕食死鱼和人们抛弃的食物残渣。除了死物之外，管鼻鹱也吃活猎物，比如沙鳗和小鲱鱼，有时甚至捕食海蜇，其所有的食物都取自海面。

数量较多的鸟类之一。

一只家蝇一次可产数百个卵，虱蝇只产1个卵，但这种差异并不能决定同一地区这两种生物个体数量的多少。

对于食物量的波动导致个体数量波动的动物，大量产卵是十分重要的，因为在食物充足的时候，它们可以迅速地繁衍、扩大。不过，大量产卵的真正意义是用来弥补某一生命时期内个体数量的大量减少，而这个时期基本都是在生命的早期。如果一个动物能够利用某些方法去保护它们的卵或幼体，那么少量繁殖也可以充分保持它们的平均数量；如果卵或幼体死亡率很高，那就必须提高产量，否则物种就有灭绝的危险。假如有一种树平均寿命是1000年，且千年中只能结出一粒种子，但这粒种子不会被毁灭，可以在其适应的环境中萌发、生长，那么这种树足以保持一定的个体数目。所以，在任何环境中，动植物个体平均数量仅仅间接依存于卵或种子的数量。

在观察自然界时，我们应该时刻记住，前面所述的论点是极为重要的。一定要牢记：**每一个生物都在竭尽全力地增加个体数量；每一种生物在生命的某些时期必须依靠斗争才可以存活下去；在每一代或它们的间隔周期中，一些幼小的或衰老的个体难免要遭到巨大的毁灭。**只要减弱任何一种抑制作用，或是稍微缓和毁灭作用，那么这一物种的数目就会迅速增加。

抑制生物生长的因素

增加个体数目是所有生物都具有的自然倾向，抑制这一倾向的原因却很难解释清楚。就拿那些极兴旺的物种来说，它们个体数目多且密集成群，今后的趋势自然是继续大量增加。而对于什么因素可以控制个体数目增加，我们竟不能找到一个确切的事例。其实，这并不是什么奇怪的事，因为对这个问题的认识我们还是一片空白，即使我们对人类自身的了解远远超过对其他动物的了解，但在这个问题上也同样是无知的。

目前已有几位学者对抑制个体数量增加的问题进行了讨论，我期望在将来的著作中能更充分地讨论这类问题，尤其是对南美洲野生动物更应做详细的讨论。在这里，我只稍微提出几个要点来引起读者们的注意。

生物间的互相排挤

生物的卵或幼体最易受害，但绝非全部如此。就植物而言，种子被毁灭的有很多，但据我观察，在长满其他植物的土地上，新生幼苗受害最多。此外，幼苗还经常遭受大量敌害的毁灭。例如，我曾经在3英尺长2英尺宽的土地上进行耕前除草，以便新种植的植物幼苗不会受到其

英尺：长度单位，1英尺约为0.30米。

蛞蝓　俗称鼻涕虫，隶属于软体动物门，腹足纲，柄眼目。蛞蝓为雌雄同体，外表看起来像没壳的蜗牛，体表湿润有黏液，有在作物根部湿土下越冬的习性。在我国大部分地区，蛞蝓会在5～7月于田间大量活动，危害作物。入夏气温升高，蛞蝓活动减弱，秋季气候凉爽后，又活动危害。蛞蝓怕光，强光下2～3小时即死亡，因此均夜间活动，从傍晚开始出动，清晨之前又陆续潜入土中或隐蔽处。阴暗潮湿的环境易于蛞蝓个体数量大爆发。

他植物的抑制。等到幼苗长出后，我给所有幼苗都做了记号，结果357株中有295株被毁灭，主要是遇到了蛞蝓和昆虫的侵害。

如果让植物在长期刈割过的草地自然生长，就会发现，那些较弱的植物，即使已经长成，也会被较强的植物逐渐排挤并消灭。类似的情形经常出现在放牧的草地上。例如，在一块被割过的长4英尺宽3英尺的草地上，自然生长着30种植物。随着生长，有9种植物因其他繁盛植物而被排挤至全部死亡。

刈割：收割。

食物的多少，对每个物种增加所能达到的极限数目，很明显起着控制作用。但是，真正影响一个物种平均数的，往往不是食物的获取情况，而是被其他生物捕食的情况。所以，在任何大范围区域内的鹧鸪、松鸡、野兔的数目，主要取决于有害动物对它们毁灭的程度。假如在英国，从今天起20年内不能射杀任何一种猎物，同时不毁灭其他任何有害动物，那么20年后，猎物的数量很可能会比现在还要少，即使现在每年有数十万只猎物被射杀。

另外，比如象类，很少被食肉动物所杀害，即使是孟加拉虎也很少攻击由母象保护着的小象。

鹧鸪和松鸡

这两者都属于脊索动物门，鸟纲，鸡形目，繁殖能力较强。它们和野兔都是狩猎种，是英国贵族餐桌上常出现的野味。

鹧鸪

求偶中的雄松鸡

雌松鸡

气候的作用

气候在决定物种平均数方面也起着重要作用。极端寒冷或干旱的周期性季节，似乎是所有抑制作用中最有效的。我估计，1854～1855年的冬天，在我所居住的这一地区，死亡的鸟类达到了80%（主要依据春季大量锐减的鸟巢数量来判断）。可以说，这是一次灾难性的毁灭。试想，如果人类因某一传染病而失去总人口的10%，那肯定算是极其惨重的事件了。

起初，人们认为气候的作用似乎与生存斗争没什么关系，但正因为气候才使食物减少。只从这一方面看，它导致或加剧了同种或异种个体间为食物而进行的生存斗争。而当气候直接起作用时，如严寒的到来，受害最大的还是那些弱小的个体及在冬天获得食物最少的个体。如果我们从南方旅行到北方，或者从湿润地区到干燥地区，肯定会发现有一些物种逐渐减少甚至绝迹。

虽然气候的变化是显而易见的，导致我们常会将物种减少归因于气候直接的影响，但这样的认识是错误的。我们应该牢记，各物种即使是在其最繁盛的地方，在生命的某一时期也会因敌害或为争夺地盘和食物而遭受大量的毁灭。如果气候稍稍改变，有利于敌害或者竞争者，那么它们的数目就会增加。由于每一个地区都布满各种生物，所以某些物种数目的增加，必然会导致该地区其他物种的减少。

如果我们向南旅行，会看到某一物种数量在减少，那么我们肯定能发现是因为其他的物种处于优势而使此物种受到了损害。我们向北旅行时，也会看到这样的情况，只不过程度不明显，这是因为在朝北行进中几乎所有物种的数量都会减少，竞争者也会减少。所以，当我们向北旅行或爬上高山时，就会发现，比起向南旅行或是下山，这里见到的植物一般比较矮小，这才是有害气候对生物直接作用的结果。我们同样也会发现，在极北地区、雪山之巅、沙漠之中，生物生存斗争的对象几乎完全是自然环境。

在花园中，许多植物都能够适应当地的气候，但却永远不能大面积种植。原因在于它们既竞争不过当地的植物，又不能抵抗当地的动物。由此可见，气候主要是间接有利于其他物种，从而引起对某些物种不利的后果。

假如一个物种高度适宜它生存的环境条件，并在一个小范围内数目过分增加，那么它们之间就极容易引发传染病，至少我们经常会在狩猎的动物中看到这种情况。这是一种与生存斗争无关的限制生物数量的抑制作用。不过，有一些传染病是由寄生虫引起的，而这可能是因为动物的密集对寄生虫传播有利造成的。在这种情况下，寄生虫和寄主之间就存在着生存斗争了。

物种与敌害的对抗

在许多情况下，一个物种的个体数量必须比它们的敌害数目多出很多，它们才能得以保存。人类可以轻易地从田间收获大量的谷物和油菜籽等，就是因为这些植物的种子在数量上要远远超过前来觅食的鸟。虽然在这一季中，鸟类拥有着非常丰富的食物，但其并不能按照食物供给的比例而增加自身数量，因为在冬季，这些鸟类的数量仍会受到限制。只要是做过试验的人都知道，若在花园里种植几株小麦或其他此类植物，很难收获种子。我曾尝试过，结果没有收获一粒种子。

由此可见，同种生物必须保持大量的个体，才能保证该物种的生存。这一观点可以解释自然界中某些奇怪的现象，比如，一些极稀少的植物在它们生存的地区却非常繁盛；再比如，某些丛生植物，即使在其分布的边缘地带，仍然可以丛生，这就表示这些植物个体仍是十分繁盛的。于是，我们有理由相信，只有当自然条件有利于大多数个体存活时，这种植物才能生存下来，并免于灭绝。另外，还要补充说明的是，杂交的积极效果和近亲交配的不良影响，也毫无疑问在这些事例中表现出了它们的作用，但我在此就不详述了。

生存斗争中动植物间的复杂关系

复杂且出乎意料的抑制关系

许多记录在案的例子都可以证明，在同一地区中，相互斗争的生物之间一直存在着极为复杂且出乎意料的抑制作用和相互关系。在此，我只举一个例子，虽然简单但却令我十分感兴趣。

在斯塔福德郡，我有一位亲戚在那里拥有一片土地，于是我有了充分的机会在此进行研究。这里有一大片从未有人耕种过的荒地，另外还有数百亩与这片荒地性质完全相同的土地，曾在25年前被围起来种植过苏格兰冷杉。

苏格兰冷杉：隶属于裸子植物门，松柏纲，松柏目，松科，冷杉属，常绿乔木。冷杉类最早出现于白垩纪晚期，具有较强的耐阴性，适应温凉和寒冷的气候，是一种较古老的物种。

在种植过的土地上面，原有的土著植物群落发生了极大的变化，其变化程度之大，就是在两片完全不同的土地上也见不到如此明显的差异。与荒地相比较，这里不仅植物的比例完全改变了，而且还茂盛地生长着12种荒地上没有的植物（不包括禾本类和莎草类）。昆虫所受到的影响可能更大，有6种食虫鸟在植树区经常能见到，但在荒地上却没有；而在荒地时常被发现的2种食虫鸟，在植树区却未曾看到。

禾本类和莎草类：也称禾本科和莎草科，同属于莎草目（被子植物门，单子叶植物纲）。二者都为草本植物，花成小穗状。禾本科代表植物有小麦、水稻等，莎草类代表植物有乌拉草、荸荠等。

当初（25年前）只不过是为了防止牛进去而将植树区围了起来，除此之外，人们并没有做什么事，仅仅是引进了一种树，竟产生了如此巨大的影响。

另外，我曾在萨里的费勒姆附近区域看到过一些现象，使我清楚地感受到，将一个地方围起来的这种方式，对于生物生存有着重要影响。

萨里有一大片荒地，远处小山顶上生长着数片较老的苏格兰冷杉。在最近的10年里，有人将这片荒地围起了一大部分，结果使得围地中那些原本自然散布的冷杉种子长出了无数小树苗，但由于它们密度过大，以致最后全部无法长大成材。等到我确定那些小树苗不是人工播种或栽种的以后，我不禁对它们数量之多感到惊讶。于是，我又观察了更多的地方，结果发现，在数百亩未码：长度单位，1码等于3英尺，约为0.9144米。

年轮：树干打横锯开，会看到横截面上满布一个个同心圆的环，那就是年轮。我们可以数环得知树龄，每一环代表一年。

被围起的荒地上，除了以前种的老龄冷杉外，基本找不到一株新的苏格兰冷杉。但当我对荒地灌木的茎干进行仔细观察时，发现那里有很多冷杉的幼苗和小树被牛吃掉了，因而无法长成。在距离老龄冷杉林生存区域100码的地方，我以一平方码的小面积作为研究单位，数出了32株小冷杉树，其中1株有26圈年轮。由此可见，经过这么多年，这株小冷杉仍然无法将树顶伸出荒地的其他灌木树干之上。怪不得那些荒地一旦被圈起来，幼龄冷杉立刻就会密集生长。因为这片荒地面积太过辽阔了，所以几乎没有人会想到，牛会如此细致地寻找冷杉树苗作为食物。

由这个例子我们能够看出，牛控制了苏格兰冷杉在这片土地上的生存。然而，在世界的某些地区，牛的生存却由昆虫决定。在这一点上，生活在巴拉圭地区的物种可以提供最为神奇的实

巴拉圭：南美洲中部的一个内陆国。

例。该地区从未有过野生的牛、马、狗，虽然这个地区的北边和南边都有这些动物在野生状态下成群游荡的情况。

亚莎拉和伦格曾经指出，这是因为巴拉圭某种蝇数量过多导致的。这种蝇会将大量的卵产在刚出生的动物脐内。它们数量很多，但其数量增加显然受到了某些限制，极有可能是受到了其他寄生性昆虫的抑制。所以，如果巴拉圭某种食虫鸟减少了，那么寄生性昆虫就会增加，于是在脐中产卵的蝇就会随之减少，那么牛和马就会有变成野生状态的可能。而这样一来，必定会使植物界发生较大的改变（我曾在南美洲的一些地区见过此类现象）。与此同时，植物的变化又会影响到昆虫，进而影响到食虫鸟。就如我在斯塔福德郡所见的那样，以此类推，复杂关系的范围会不断扩大。

事实上，自然界各个物种的关系要比我所说的复杂得多。一场接一场的生存斗争永不停止，胜负交替，一个细微的差异也许就足以使一种生物战胜另一种生物。然而，从长远的角度来看，到最后各方努力会协调到平衡状态，从而让自然界在很长的时间内保持稳定。

人类过度失真的推测

面对自然界中的种种现象，人类是如此无知，但又喜欢做过度失真的推测。因此，一听到某种生物灭绝时，人类就会大惊小怪，但又找不到原因，于是就用灾变来解释世界上生命的毁灭，或创造出一些规则来说明生物类型的寿命，这简直是太可笑了。

我准备再举一个例子，来证明在自然界中分类上相距甚远的动植物，是被非常复杂的关系网联结在一起的。

在我的花园里，有一种名为亮毛半边莲的外来植物，因为它的构造特殊，几乎没有昆虫来“光顾”它，以至于它在我的花园中始终不能结籽。

另外，众所周知，几乎所有的兰科植物都需要昆虫来传授花粉才能受精。在试验中，我发现，三色堇基本上是依靠土蜂来授粉的，因为其他蜂从不造访此花。而且我还看到，某些三叶草只能依靠蜂类传播花粉，进行受精。比如白花三叶草，20个头状花序可结2290粒种子，但被遮盖起来的另外

白花三叶草：又名白车轴草，隶属于被子植物门，双子叶植物纲，豆目。

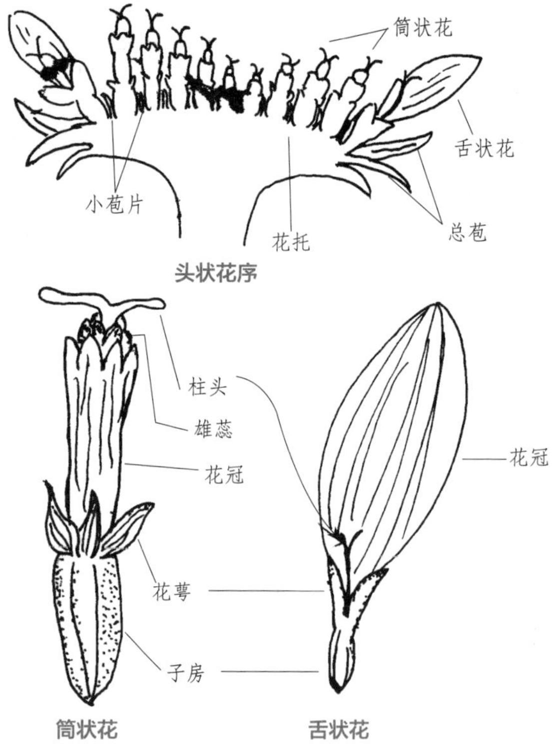

头状花序　被子植物的花，有的是单独一朵生在茎上，如玉兰，有的则是按一定的排列顺序生的，这个排列的顺序就是花序。头状花序的特点是：花轴（长有花的柄）极度缩短、膨大，呈扁形，使花铺展开，各苞叶（生长在花序外的一种变态叶状物）常集成总苞。常见的拥有头状花序的植物有向日葵、蒲公英等。

20个头状花序，因蜂类无法接触而一粒种子也不结。再比如，红花三叶草的100个头状花序可结2700颗种子，但被遮挡起来的同样多的花序，也是一颗种子也无法结出。除土蜂外，其他蜂类均不“光顾”红花三叶草，这是因为其他蜂类接触不到红花三叶草的蜜腺。

也有人曾经指出，蛾类可助各种三叶草传粉，但对此我表示怀疑，因为它们的重量不能将红花三叶草花的翼瓣压下，所以根本无法接触到花粉。

因此，我可以断言，如果英格兰土蜂全部灭绝或变得十分稀少，那么三色堇和红花三叶草也会变得稀少，甚至绝迹。

而另一方面，任何地区的蜜蜂数量基本上是由田鼠的多少来决定的，因为田鼠会毁坏蜂房和蜂窝。纽曼上校对蜜蜂的习性进行了长期的研究，他认为“全英国有60％以上的蜂窝都被田鼠毁坏了”。而对于田鼠的数量，大家都知道，基本上是由猫的数量来决定的。纽曼上校说：“在村庄和小镇附近发现的蜜蜂比其他地方多，我将其原因归结于这些地方有大量的猫在消灭田鼠。”因此，**我们完全可以相信，如果某一地区猫类动物数量较多，那么首先是猫对鼠形成干预，然后是鼠对蜂的干预，最终就决定了这一地区某些花的数量。**

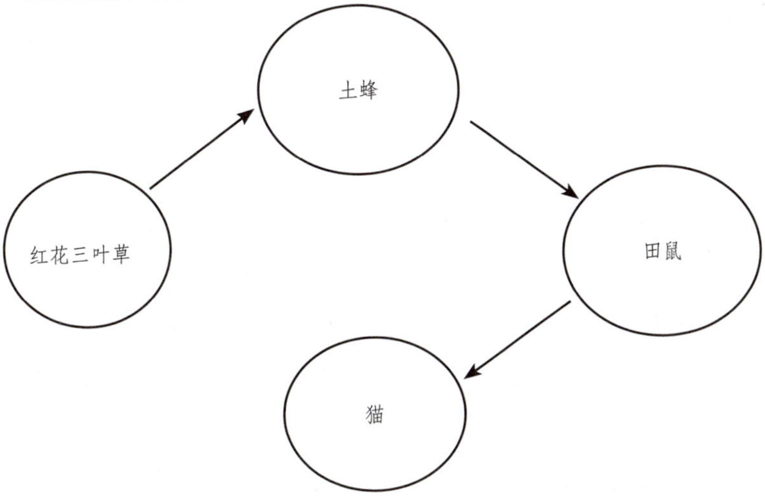

所有抑制作用共同发挥作用

每一种生物在生命的不同时期、不同季节或不同年份，都会受到多种不同的抑制作用。在所有抑制作用中，一般会有一种或少数几种抑制作用的影响力最大，但一个物种的平均数以及能否生存，则是所有的抑制因素共同发挥作用的结果。有些情形可以表明，相同的物种在不同的地区，所受到的抑制作用极不相同。

当看到河岸边那些密布的植物和灌木时，我们总认为它们的种类和数量比纯属偶然，但这是错误的。大家都听说过，在美洲，当一片森林被砍伐以后，原来的地方就会长出完全不同的植物群落。但是，让我们再来看看美国南部的古代印第安废墟吧！这里的树林在之前被完全清除了，而如今，这里生长的植物与周围的处女林一样，具有相同的物种多样性，而且各类植物比例也相同。

在漫长的几个世纪里，这些每年播撒成千种子的树木之间，昆虫与昆虫之间，会有激烈的生存斗争；同样，在昆虫、蜗牛、鸟、兽以及其他动物之间，也存在着剧烈的生存斗争。所有的生物都在努力繁殖，而它们又彼此为食，有的吸树汁、吃树的种子和幼苗，有的吃那些早先密布于地面且抑制树木生长的其他植物。

如果将一把羽毛扔向空中，羽毛会遵守万有引力定律落在地面上。但要弄清每一支羽毛会落在何方，就十分困难了。然而，若把这个问题与无数动植物之间的关系相比，前者实在是太简单了。数百年来，这些复杂的动植物间的作用与反作用，最终决定了古印第安废墟上现今生长的植物种类及数量比例。

生物之间的依存关系，如寄生生物与寄主之间的关系，通常发生在系统比较远的生物之间。但严格地说，系统较远的生物之间也有可能存在激烈的生存斗争。比如，飞蝗类和食草动物之间的关系。

最激烈的斗争，几乎都是发生在同种个体之间的，因为它们生存在同一地区，需要相同的食物，且面临相同的危险。而同一物种的各变种之间的斗争同样激烈，并且有时我们会发现那些斗争很快就能得以解决。

小麦：把小麦和其变种的种子混合在一起后播种，那些最适应该土壤和气候的或繁殖能力强的变种，就会在这场竞争中战胜其他变种，而它们的后代会产生更多的种子，几年之后，就会将其他变种完全排挤掉。即使是那些极为相似的变种间，也是这种情况。

香豌豆：又名花豌豆，隶属于被子植物门，双子叶植物纲，豆目。其花色繁多，属于观赏植物。

颜色不同的香豌豆：将其混合种植，之后多年必须分别采集种子，再次播种时要按照一定的比例混合。如果不这样操作，较弱变种的数量就会逐渐减少，以致消失。

绵羊：绵羊的变种也存在相同情况。有人曾说，一种山地绵羊变种能使另一种山地绵羊变种饿死，所以它们不能放养在同一地区。

医蛭：将不同变种的医蛭养在一起时，结果也是相同的。

如果让家养动植物的一些变种在自然状态下自由竞争，然后每年不依据合适的比例把种子或幼体保存，那么它们还能否保持与家养状态下一样的体力、习性和体质呢？另外，6代后，这些混合群（禁止杂交）的原本比例是否也可以一直保持呢？这是不可能的。

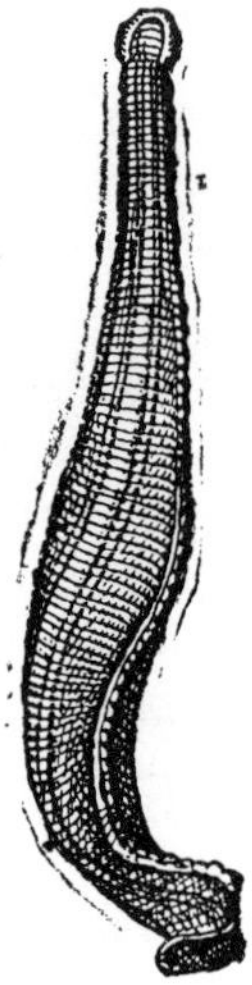

医蛭　水蛭的一种，隶属于环节动物门，蛭纲，颚蛭目，医蛭科。该类动物多在湖泊、池塘以及水田中生活，嗜吸人畜血液，行动非常敏捷。每到春暖便行动活跃，6～10月均为其产卵期，到冬季往往蛰伏在近岸湿泥中，不食不动，生存能力强。

最激烈的生存斗争

一种物种战胜另一种物种的原因

同属的物种，在构造上总是十分相似的，而且它们一般在习性、体质方面也都是极为相似的（虽然并非绝对），所以**同属之间的斗争通常比异属物种间的斗争更激烈。**

我们可以从以下事实中了解这一点：

——最近在美国的一些地区，有一种燕子分布范围的扩张，使另一种燕子数量减少。

——近来在苏格兰的某些地区，吃槲寄生种子的槲鸫数量增加，造成了欧歌鸫数量的减少。

——在极端的气候中，一种鼠会替代另一种鼠。

槲鸫和欧歌鸫：同属于脊索动物门，鸟纲，雀形目。槲鸫与欧歌鸫的外表极其相似，都是背部呈褐色，下身呈奶白色或浅黄色，有黑色的斑点。两者的区别在于，槲鸫体型较大，上体褐色较浓，外侧尾羽端白，翼下白。

——一种小型亚洲蟑螂进入俄罗斯境内后，开始大面积驱赶大型亚洲蟑螂。

——澳大利亚引入蜜蜂后，短时间内就将当地的小型无棘蜂毁灭干净。

——一种野生荠菜品种能取代另一种荠菜。

各种各样的类似实例随处可见，我们大概可以理解，为什么自然组成中，占有相似地位的近似类型之间的斗争最激烈。但我目前仍然无法确切地阐明，在生存大战中，一个物种战胜另一个物种的原因。

蒲公英带冠毛的种子

对于蒲公英带冠毛的种子和水栖甲虫那生有排毛的扁平的足，开始我们只以为与空气和水有关系，但实际上，种子带的冠毛肯定与其生长的地面密布着植物有密切关系。借助冠毛，种子可以被散布得更为广泛，并落到植物稀少的土地上继续生长、繁殖。而水栖甲虫那适于潜水的足，使它能够与其他水栖昆虫竞争，还有利于它捕食食物并逃避其他动物的捕食。

我们可以从上述事实中得到一个极为重要的推论：**每一种生物的构造，都和一切别的生物的构造有着必然的关系，但这种关系通常不易被人观察到**。依靠这种关系，该生物与其他生物会进行食物和住所的争夺，也可能避开某些生物的捕食或吃掉一些生物。虎牙和虎爪的构造，还有依附在虎毛上的寄生虫的足和爪的构造，都能说明这个道理。

另外，人们起初认为，许多植物的种子储存的养料与别的植物没什么关系。但像豌豆、蚕豆这种类型的种子，即使将其播种在高大茂密的草类中间，种子也能长出幼苗并茁壮成长。由此可以推测出，种子中的养料主要作用是保证幼苗良好生长，以便与四周繁茂的其他植物进行斗争。

种群分布范围中央的植物如何生存

观察生长在种群分布范围中央的植物，为什么它们的数量不能再增加2倍或4倍呢？据我所知，这种植物对于稍热或稍冷、稍微潮湿或干燥一点儿的生存环境都能适应，所以它们完全有能力分布到一些稍热、稍冷、稍潮湿、稍干燥的地方。在这种情况下，我们可以看出，要想使这种植物有增加个体数量的能力，就必须使它们具备某些优势来对付竞争者和以它们为食的动物。

假如在这种植物的地理分布范围内，它们的体质因气候发生了变化，这明显对该植物是十分有利的。但在很多证据面前，我们有理由相信，只有极少数动植物可以分布得非常分散，因为绝大多数物种都被严酷的气候环境毁灭了。

生存斗争是不会停止的，除非到达生物分布范围的极限地区，如北极地区或荒漠边缘。但即使是在极冷或极干旱的地方，依然生存着少数几个物种或同种的个体，它们在争取最温暖或最潮湿的生存环境时，彼此间也一定会进行斗争。

由此可知，如果把一种植物或动物放置于新的地方，从而进入新的竞争时，即使气候与它的原产地完全相同，它们的生存条件通常也会发生根本变化。若要使它在新地方增加分布数量，我们就不能用在原产地使用过的方法，而是要使用新的方法来改进它，因为我们必须让它在一系列新的竞争者和敌害面前占有优势。

创造条件，让一个物种比别的物种占有优势，固然是个好想法，但实际上我们根本不知道该如何具体操作。这使我们明白，人类对所有生物之间的相互关系了解得太少了。我们抱有弄清楚生物间关系的信念是必要的，但这却是难以做到的。我们能够做到的就是牢记，**每一种生物都在努力以几何级数增加自己的个体数量，它们都不得不在生命的某一时期、某一季节、每一代或间隔的时期，展开生存斗争，并导致大量毁灭。**

当我们说到生存斗争时，我们要坚信以下真理：

> 自然界中的斗争不会是无间断的，我们不必为之感到恐惧，死亡的来临通常是非常迅速的。最终，强壮、健康且幸运的生物，不但能够生存下来，还能繁衍后代。

Chapter 4

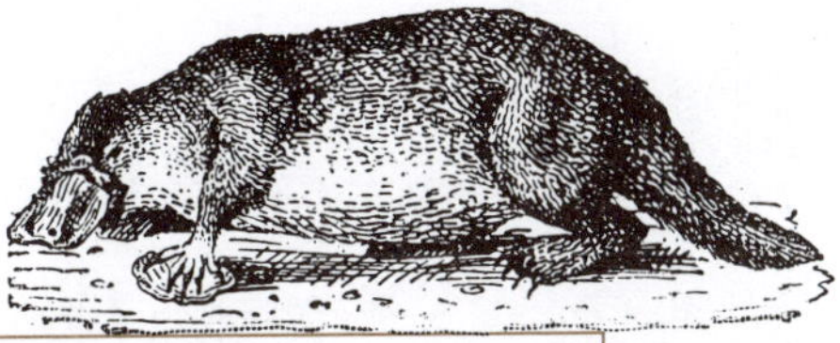

自然选择

自然选择原则的假设

自然选择如何发挥作用

不容置疑的是，在变化的生活条件下，生物体的每一部分几乎都表现出了个体差异。这是因为生物是按几何级数增加的，在其生命的某一年龄阶段、某一年、某一季节，都有可能会出现激烈的生存斗争。

生物与生物之间、生物与生活环境之间的极为复杂的关系，会引发物种在构造、体质和习性上发生对自己有利的无限变异。如果变异从来都不是有益于物种本身的生存，那就太让人难以置信了。看看我们人类自己就会发现，对自身有益得多的变异确实是存在的。

由此我们可以假设，一个物种如果发生了有益于自身生存的变异，那么在生存斗争中，这个物种必然获得更有利于自己生存的机会。根据遗传原理，具备这种优势的物种将会产生具有相似特征的后代。我将**这种保存有利变异的方式或者说最适者生存的原则，称为“自然选择”**。自然选择使生物在有机与无机的生活条件下获得改进，并且在大多数情况下，它最终会促进生物体制的进化。不过，即便是低等且简单的生物类型，如果它们能良好地适应生活环境，那么这些物种也不会发生变异。

根据生物特征在适当年龄遗传的原理，自然选择可以像改变成体那

> **未解之谜**
>
> 根据遗传学，生物特征是从受精卵时期就已经确定下来的事。达尔文时代，遗传学还不发达，所以生物体进化涉及的遗传学问题，成为困扰达尔文一生的难题，具体可以见本套丛书第二本《物种起源·大自然的谜题》。这里达尔文推论出的遗传发生在生物的某一年龄段虽不科学，但遗传特征的表达却是在生物某一年龄段开始的，即生物的遗传特征不是从一出生就有的，而是会在某一年龄段显现。这里可以将这一推论理解为遗传特征的表达。

样，很容易地改变卵、种子和幼体。

在许多动物中，性选择优于普通选择，能使最强健、适应力最强的雄性产生更多的后代。同时，性选择也可以使雄性获得在与别的雄性斗争或对抗时有利的性状。根据一般的遗传形式，这些性状可遗传给同性别的后代或者雌雄两性。

自然选择是否真的可以发挥这些作用，从而使不同的生物类型能适应各自的生存条件以及生活环境，这一点我们必须通过后面所举的事实来判断。目前，我们通过地质学证据发现，在世界历史上，物种灭绝的影响是巨大的，这便是自然选择的作用。

自然选择还可以导致性状分歧，所以生物的构造、习性及体质上越分歧，一个区域所容纳的生物的个体差异也就越多。对任何一个小范围内的生物和异地同类的生物进行比较观察，就可以证明这一点。

因此，任何物种的后代在变异过程中，以及原物种努力增加个体数量而发生的斗争中，后代的性状分歧越大，它们在生存斗争中获得更好生存条件的机会就越大。于是，同一物种中不同变种间的那些微小差异，就会出现增大的趋势，直至增大为同属物种间的较大差异，甚至会变成异属之间较大的差别。

自然选择

自然选择有效发挥作用

我在前一章虽已简要讨论过生存斗争，但是生存斗争到底对变异起着什么作用呢？人类眼中发挥巨大作用的选择原理，能适用于自然界吗？回答是肯定的。我将从以下两方面详细论述，在自然状态下，选择原理是可以非常有效地发挥作用的。

- 自然状态下的生物也像家养生物一样，都会有无数细微变异以及个体差异，只不过自然状态下发生的这些变异的程度要稍微小些。
- 遗传倾向的力量。

可以确切地说，在家养状态下，生物体的整个身体构造在某种程度上是可塑的。就像胡克和阿沙·格雷所说，在家养生物中普遍看到的变异现象，并不是由人力的直接作用产生的。人类既不能创造变种，也不能防止变种发生，人类能做的只是保存和累积已发生的变异。人类在无意识的情况下，将生物置于变化着的新生活环境时，变异就产生了。

当然，类似的生活环境的变化，在自然状况下也有可能发生。我们还应记住，生物之间及它们与生存条件之间有着密切的关系，所以那些构造的无穷变异，对于生活在变动环境下的生物来讲是十分有益的。

既然家养物种肯定发生过对人类有用的变异，难道在广泛而复杂的生存斗争以及连续世代中，自然物种身上就不会产生变异吗？假如上述有利的变异确实可以发生，那么具有优势（即使程度轻微）的个体，就具备了更好的生存和繁殖机会，这点是毋庸置疑的。

另外，我们可以确定，所有的有害变异，即使程度极轻微，也会造成毁灭的后果。**这种有害变异的毁灭以及有利的个体差异和变异的保存就是“自然选择”，即“适者生存”**。那些无用亦无害的变异，不受自然选择作用的影响，它们可能成为不固定的性状，就如我们在某些多形物种身上看到的一样，不过这些变异也有可能因生物本身和生存环境的变化，慢慢成为固定的性状。

自然选择保存对生物有利的变异

对于“自然选择”，有人误解其含义，也有人明确表示反对，有些人甚至认为自然选择会引起变异。事实上，**自然选择只是保存已经发生的、对生物在其生活条件下有利的变异**。没有人否定农学家们所说的人工选择的重要性，但人工选择也是以自然界中产生出来的个体差异为基础，来进行的有目的的选择。

还有人反对用“选择”这个词，因为在他们的认识中，“选择”包含了变异物种自身进行有意义的选择，而植物是无意志作用的，所以“自然选择”对它们不适用。若以“自然选择”字面上的意思去看，这一用语并不十分确切，但是对于化学上的各种元素具有“选择亲和力”这一说法，又有谁曾反对过呢？从严格意义上讲，我们确实不能说一种酸自愿选择化合某种盐基。

也有人质疑我将自然选择看成一种动力或神力，但却没有人反对万有引力控制行星运行的理论。人们都知道这类用语带有比喻的意思，为了简单明了地说明问题，使用它们是非常有必要的。

另外，想要避免“自然”一词的拟人化，也是很难做到的。

> 我所说的“自然”，是指很多自然法则的综合作用及其产物，而法则是指我们能够确定的各种事物之间的因果关系。

只要对这些稍微了解一些，那么那些肤浅的反对意见就可以被我们忽略了。

自然选择经历的过程

要想弄明白自然选择的大致过程，我们就一定要对正在经历着轻微物理（指非生物因素）变化的地方进行研究和观察，比如仔细考察气候正在发生变化的地方。当气候发生异常变化时，当地生物的比例数随即会发生明显的变化，有些物种甚至可能会灭绝。我们已经知道各地生物之间有着密切且复杂的关系，因此即使我们暂时不考虑气候变化这一情况，生物比例数的变化也一定会严重影响同一地区及附近地区其他生物的生存和发展。

假如一个地区的边界是开放的，那么新类型的物种必定会迁入，这样一来就会严重扰乱某些原有生物间的稳定关系。不要忘记，从其他地区引进一种树或一种哺乳动物，会给该地区带来怎样的影响，这一点我在前面曾做过论述。

不过在一个岛上，或是一个被障碍物部分环绕的地区，如果那些善于适应环境的新生物无法自由进入，那么这个地方的自然组成中就会出现空余空间，此时一定会有某些原有生物发生有利变异，这导致它们以最快的速度填充了那个空余空间。

反过来，如果那些地区是可以自由迁入的，那么外来生物就会早早占领那个空间。在这种情况下，无论是多么微小的变异，只要能适应环境，并且在任一方面使个体更好地适应改变了的外界条件，那么这些变异就有被保存下来的趋势。因此，自然选择在生物进化方面发挥着强有力的作用。

正如我在“家养状况下的变异”讲的那样，我们有充足的理由相信，生活环境的变化能够促进变异概率的增加。上段文字也提到，随着外界环境的改变，有利变异的发生机会也会逐渐增加，这对于自然选择必然是有很大益处的。如果没有有利变异的发生，自然选择就不能发挥作用。

说到“变异”这一名词，一定不能忘记，它还包括个体差异。人类能将个体差异按照一种既定的方向积累，使其在家养动植物中产生巨大的效果。那么与之相同，自然选择也能做到而且会更加容易，因为它与人工选择相比，能够发挥作用的时间要长得多。

我不认为自然选择一定要依靠巨大的自然变化，比如气候的变化或高度隔离阻碍生物迁移，才能在自然界腾出新的位置，从而使某些生物的性状发生改变，让它们填补空白。实际上，所有地区的全部生物都在进行着生存斗争，以维持该地区的生态平衡。

如果此时某一个物种的构造或习性发生了微小的变化，那么该物种就会具有超过其他生物的优势。如果这个物种继续生活在同样的环境条件下，而且继续以同样的生存和防御手段来获得有利的生存条件，那么同样的变异就会继续发展，也就是该物种的优势会越来越大。

可以说，世界上没有一个地方的生物彼此之间已经完全相互适应，并且这些本地生物也已经完全适应其生活的自然环境，所以这些生物需要继续变异，改进自身，以适应这一切。

由此可见，在世界每一个角落的生物，都有可能被外地迁入的生物迅速击败，从而失去生存的机会。不过，我们也会看到许多这样的事实，即外来生物只能驯服某些种类的本地生物。因此，本地生物也会发生一些有利的变异，来帮助自己更好地抵抗入侵者。

人工选择的局限

人类通过有计划的或无意识的选择方法，能够得到并确实已经得到极大的成果，那么自然选择为什么就不能产生如此效果呢？人类仅能对生物外在的和可见的性状加以选择，而“自然”（允许我把“自然选择”或

“适者生存”拟人化）却不关心外表，除非有的外貌对生物体有利。“自然”可以对物种每一个内部器官、每一个体质上的微小差异，以及整个生命机体产生作用。人类只是为自身的利益去选择，而“自然”是为了保护生物的生存利益去选择。从选择的结果可以看出，每一个被选择的性状，都经历了自然的种种磨炼才被保存下来。

人类往往将多种生存在不同气候环境里的生物，放在同一地方培育，并且极少用特殊的、合适的方法去锻炼那些被选择出来的性状。比如，人们用同样的食物来饲养长喙鸽和短喙鸽，不用特殊的方法训练长背的或长脚的四足兽，在同一种气候中饲养长毛的和短毛的绵羊，等等。人类避免最强壮的雄性动物通过斗争来占有雌性配偶，也不严格地把所有劣等的个体全都淘汰掉，而是在力所能及的范围内，在不同季节里，保护所有个体。

四足兽：指在陆地使用四肢运动的动物，也称为四足动物。

人类往往从半畸形的类型，或是根据一些能引起他们注意的显著变异，又或根据对人类有用的某些性状开始选择。而在自然状态下，任何构造上或体制上的极微小的差异，都能改变生物生存斗争之间的微妙平衡，而得以保存。

人类的生命是如此短暂，所以对于物种选择所拥有的愿望与付出的努力，都只是瞬间的事情。因此，如果和自然选择在整个地质时期的累积成果进行比较，人类所得到的结果是多么贫乏啊！与人类产物相比，自然产物的性状更加现实，能更好地适应那些极其复杂的生活条件，还可以更明显地表现出更高级的进化痕迹。如此看来，对于自然选择的效果，还有什么会让我们感到惊讶的呢？

自然选择的重要意义

可以说，自然选择时刻都在仔细观察着世界上所发生的最细微的变异，排除坏的，保存、积累好的。无论何时何地，只要一有机会，它就会默默地、极其缓慢地工作，将各种生物与有机的、无机的生活条件之间的关系进行一个改进。这种变化十分缓慢，所以我们很难察觉出来。而我们对于悠久的地质时代知道的非常有限，所以只能确定现在的生物类型和以前的生物并不相同。

要形成一个新的物种，需要有大量变异的漫长积累，因为变异形成以后要经过相当长的时间，才能再次发生相同性质的有利变异或产生个体差异。相同类型的个体差异会不断地重复出现，这些小的量的变化最终积累成质的变化。另外，有些人还假设每次可发生的变异量是有严格限度的，所以质变的过程十分缓慢。

自然选择发挥作用的方式

我们会发现，有些即便是我们认为极不重要的性状和构造，自然选择也同样会发挥作用。

例如，当我们看到以叶子为食的昆虫呈绿色、靠树皮为生的昆虫呈斑灰色时，当我们见到冬季高山的松鸡是白色的、红松鸡是石南花色时，我们一定会相信这些昆虫和鸟类自身特定的颜色是为了保护它们免受外界的危害。

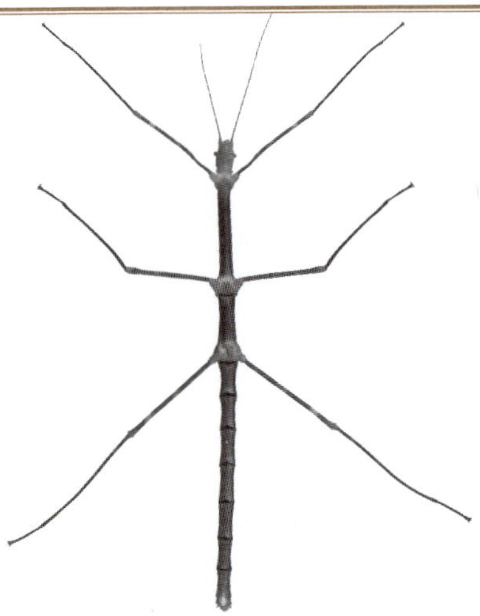

有着树枝外表的竹节虫，可以很好地隐蔽自己

这里描述的情况属于动物的防御策略之一——隐蔽。隐蔽是指动物的体色与环境背景色一致，从而逃避捕食者的策略。动物的其他防御策略还有穴居、警戒色、拟态、回缩、逃遁、威吓、假死、转移捕食者的攻击部位和反击。

松鸡如果不在一生的某一时期被杀害，那么其必定会繁殖到不计其数，但人们都清楚大多数松鸡受食肉鸟的捕食而死亡。鹰的视力极锐利，所以它是靠视力来捕捉猎物的，因此在欧洲大陆的某些地方，人们不敢饲养白鸽，因为白鸽最易受到鹰的迫害。

由此看出，自然选择会给每一种松鸡有利于自己生存的适当颜色，而这些颜色一旦被获得，就会被持续不断地保存下来。我们不要认为，偶尔除掉一只颜色特殊的动物，不会产生什么影响。我们所有人都要牢记，在白色绵羊群中除去一只颜色略黑的羔羊是一件影响很大的事。

除了上文所说的自身颜色决定生死存亡的例子，我这里还有一个更好的，那就是“家养状况下的变异”提到的，有一种猪吃某种植物的根是否会死，全由猪自身的颜色来决定。而对于植物，果实的茸毛和果肉的颜色一直被植物学家当成不重要的性状。但是，优秀的园艺家唐宁却说：

——在美国，光皮果实比茸毛果实更容易受象鼻虫的损害。

——对于某种疾病，紫色李子比黄色李子所受危害要大得多。

——黄色果肉的桃子比其他颜色果肉的桃子更易遭受某些疾病的侵害。

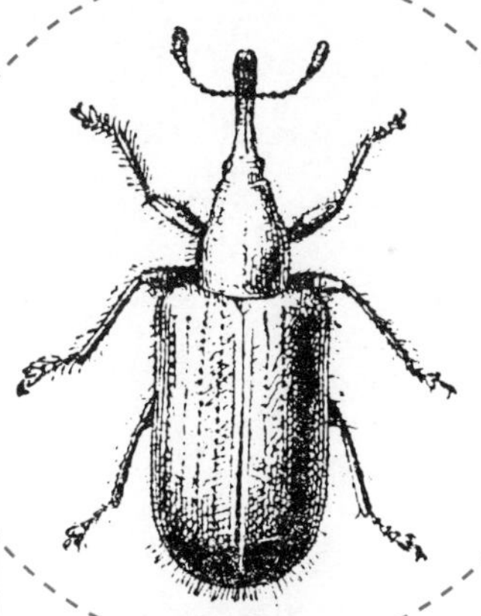

象鼻虫：隶属于节肢动物门，昆虫纲，鞘翅目，象鼻虫科。象鼻虫具有很长的口吻，几乎占了总身长的一半，看上去像是大象的长鼻子，并由此得名。不过，口吻并不是象鼻虫的鼻子，是它们用以嚼食食物的口器。

如果借助人工选择的种植方法来栽培这几个变种，这些微小的变异会导致非常大的差异。而在自然状况下，这些树木势必要与其他树木以及大量敌害进行斗争，那么此时各种差异将有效地决定哪一个变种获得成功：果实是光滑的还是有毛的，果肉是黄色的还是紫色的……

我们利用有限的知识来进行判断，就会认为物种间的部分微小差异并不重要。但不要忘记，气候、食物等因素毫无疑问会对这些细小差异产生直接影响。另外，我们还要注意，**一旦生物体的某个部分发生变异，且这种变**

异被自然选择累积起来，那么其他意想不到的变异也将随之发生。

正如我们知道的，在家养状态下，生物在某些特殊时期出现了变异，其后代往往也会在同一时期出现此变异。例如，蔬菜、农作物的种子形状、大小以及味道的变异，家蚕在幼虫期和蛹期的变异，鸡蛋和雏鸡绒毛颜色的变异，绵羊和牛接近成年时长出的角的变异，等等。同样，在自然状态下，自然选择也能在任何时期对生物发挥作用，保存其改变。

这是为什么呢？因为自然选择能够将有利变异积累，并且这些有利变异还能够在相应时期一直遗传下去。如果某种植物的种子被风吹送得很远，从而有利于它的生存，那么自然选择就会将这一特点保存并遗传下去。而且，这些并不比棉农用选择来增加棉桃或改进棉绒更困难。成虫遇到的危险使其产生变异，以抵抗这种危险，自然选择保留下具备这种变异的幼虫，使其能够影响成虫的构造。当然，成虫期的变异也会影响新的幼虫的构造。不过在所有情况下，**自然选择只会留下那些产生了有利变异的物种，因为如果变异有害，那么该物种早就灭绝了。**

棉桃：棉花的果实，因其外形似桃，故而得名。

自然选择的促进作用

在群居动物当中，如果自然选择保留的变异有利于整体，那么这种变异就可以看成个体的构造适应整体利益的结果。自然选择在促使一个物种改变构造时，不可能不给予该物种益处，而只是为了对其他物种有利。虽然有一些博物学者的著作中提到过这种利他效果，但我目前没有见过一个经得起检验的实例。

自然选择能够促使那些生物体中一生只使用一次的重要构造发生极大变化，比如某些昆虫专门用于破茧的大颚、雏鸟孵化时用来啄破卵壳用的坚硬喙尖等。有人曾指出，最好的短喙翻飞鸽死在卵里的比真正孵出来的要多得多，所以饲养者在它们孵化时必须给予一定的帮助。假如“自然”为了鸽子自身的利益，使这些成年鸽生有极短的喙，那这个变异过程肯定是非常缓慢的。而选择的结果会有两种：

> 一种是那些具有最坚强鸽喙的雏鸟被选择出来，因为那些弱喙的雏鸟势必都要死亡。
>
> 另一种是卵壳脆弱易碎的被选择出来，因为卵壳也和其他各种构造一样，也是可以发生变异的。

偶然的毁灭与自然选择的关系

还有一点要说明：所有生物都会偶然地遭受大量死亡。

这也许会对生物进化产生有利影响，但对于自然选择的影响并不大，甚至根本不会有影响。例如，每年都有大量的卵和种子被吃掉，它们只有发生了某种可避免敌害吞食的变异，才可以通过自然选择进行有利的进化。如果很多卵或种子没被吞食，也许由它们长成的个体，比那些偶尔存活下来的个体更能适应其生活的条件，但无论怎样，自然选择都会发挥它的作用，保留下更能适应环境的物种。

另外，大多数成年的植物，无论它们能否适应生活环境，每年都会因偶然的原因而遭到毁灭。尽管它们的构造和体质发生了一些有利的变化，这种偶然的毁灭也不会因此而有所缓解。

但是，无论遭受的毁灭有多大，只要各地区中的生物没有因这些偶然情况被全部消灭，并且哪怕只有百分之一或千分之一的卵或种子能够生长发育，那么这些幸存者中的最适应的个体，一旦朝着一个有利的方向发生变异，它们繁殖的后代肯定要比那些适应性较差的个体繁殖的后代多。如果某一种生物因偶然原因被全部淘汰，那么就像我们经常见到的那样，自然选择就不能再对其发生作用了。

我们不能因为这一个原因就怀疑自然选择在其他时期、其他方面所产生的效果，因为我们确实找不到许多物种曾在同一时期、同一地区发生了变异，并得到积极改进的例子。

性选择

在家养状态下，有些特征往往只表现在一个性别上，并且只通过这个性别遗传下去。在自然状态下，无疑也有同样的情形发生。

有时我们能看到，通过自然选择作用，雌雄两性由于具有不同的生活习性而发生变异。或者更普遍的是，某一性别根据另一性别发生变异。这使我必须给大家解释一下关于“性选择”的问题。

雄性的斗争

性选择并不是生物为了生存而与其他生物或外界环境进行的斗争，而**是发生在同一物种、同一性别间的斗争，一般是雄性为了占有雌性而引发的斗争**。这种斗争的结果，只不过是斗争失败者少留或者不留后代，而不是让斗争失败的一方死亡。所以，性选择没有自然选择那么残酷。

距：指雄鸡后面的像脚趾似的突起部分。

在通常情况下，最强壮的雄性最适应环境，它们留下的后代最多。但这种胜利往往并不完全依靠强壮的体格来决定，而是靠雄性特有的武器。例如，没有角的雄鹿和无距的公鸡，基本上很难留下大量

的后代。因为性选择能让获胜者得到更多的繁殖机会，所以与残忍的斗鸡者挑选善斗的公鸡一样，性选择可以给予公鸡不屈不挠斗争的勇气、增加其距的长度、提高其斗争时为增加攻击力拍打翅膀的能力。

我不知道自然界中要下降到哪一个等级才会没有性选择。有人曾描述过，雄性鳄鱼在争夺雌性时，会战斗、吼叫、旋转身体等，就像印第安人跳战争舞蹈那样。还有人曾观察到，雄性鲑鱼整日都在进行战斗；雄性锹形甲虫身上经常带有伤痕，那是被其他雄虫用巨型大颚咬伤的结果。

杰出的观察家法布尔曾多次看到一种膜翅目雄虫为争夺雌虫而战斗，而雌虫漠不关心地在一旁“观战”，到最后会与胜利者一同离开。

让-亨利·法布尔（1823～1915），法国著名昆虫学家、文学家，著有《昆虫记》《自然科学编年史》《趣味化学》等。

膜翅目 为昆虫纲第三大目，共约11万种。本目不少种类为社会性昆虫，如各种蚂蚁和蜜蜂。以蜜蜂为例，蜂群成员约有8万只，分蜂王、工蜂和雄蜂3种，每种各司其职，在蜂群中都有着不可替代的作用。

这种斗争，在“多妻动物”的雄性之间最为激烈，而这类雄性动物一般都有特殊的武器。

雄性食肉动物本来就已具备良好的战斗武器，而在性选择的作用下，它们和其他动物一样，还具备了更特殊的防御武器。比如，雄狮的鬃毛，雄鲑鱼的钩形颌等。这就如同在战场上，要想获胜，盾牌的作用和剑、矛同样重要。

雄性鲑鱼在繁殖期间身上会出现红棕色斑点，两颌变为钩状

雌性的选择

对于鸟类而言，雄性间的斗争就要平和多了。所有研究过这一问题的人都相信，在大部分鸟类中，雄性间激烈的竞争是用歌声来吸引雌鸟。圭亚那的岩鸽、极乐鸟以及其他的一些鸟类，它们的斗争方式是常常聚集在一起，雄鸟一个个极

圭亚那：位于南美洲东北部，东邻苏里南，南临巴西，西邻委内瑞拉，北邻大西洋，自然资源丰富。

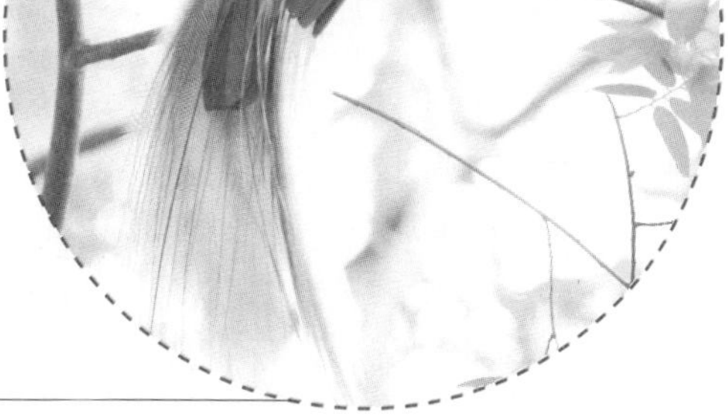

极乐鸟：又名天堂鸟，隶属于脊索动物门，鸟纲，雀形目，主要分布在新几内亚及其附近岛屿，少数种类见于澳大利亚北部和马鲁古群岛。极乐鸟大部分都栖居在人迹罕至的热带森林中，雄性和雌性的外表差异较大。雄性在求偶时会一边跳舞、鸣叫，一边展示自己华丽的羽毛，以吸引雌性。

其精心地展示它们美丽的羽毛，表现它们良好的风度，并且还会在雌鸟面前摆出各种奇特的姿态；而雌鸟则在一旁观赏，最后选择最有吸引力的雄鸟作为配偶。留心观察过笼养鸟的人都知道，不同的鸟有着不同的好恶。赫伦爵士曾描述过，一只雄性斑纹孔雀是如何极为成功地吸引住了所有的雌性孔雀。虽然，我不在这里做详细讨论，但如果人们能在较短的时间里，根据自己的审美标准让他们的矮鸡获得美丽、优雅的外表，那么我们没有理由去怀疑雌鸟也可以按照它们的审美标准，经过千千万万代，选择鸣声最动听的或羽毛最美丽的雄鸟，从而使后代产生出明显的差异。

性选择对于不同时期发生的，且在一定时期内单独遗传给雄性或遗传给雌雄两性的变异作用，可以在一定程度上解释雄鸟和雌鸟的羽毛为何不同于雏鸟羽毛。在此，我就不再进行详细讨论了。

这样一来，我们可以说，任何动物的雌雄两体，如果它们具有相同的生活习性，但在构造、颜色或形态上有一定区别，那么这些差异就主要是由性选择造成的。这就是为什么某些雄性个体在武器、防御手段或美观方面会比其他雄性个体占优势，且这些优越性状还能在连续世代中仅仅遗传给雄性后代。

但是，我们不应该把一切性别间的差异都归因于性选择，因为我们在家养动物中能够看到，有些雄性特有的特征并不能够通过人工选择而扩大。比如，野生雄火鸡胸前的毛并无用处，而且在雌火鸡眼中，很难说是一种装饰，而且如果这样的毛出现在家养雄火鸡身上，那么肯定会被视为畸形。

自然选择作用的实例

自然选择的作用方式

下面，我将举例说明自然选择是如何起作用的。

以狼为例，在捕食动物时，狼有时候是用计谋，有时候是靠体力，有时候则是凭借敏捷的速度。假设由于狼所处地区的某些变化，如猎物鹿奔跑的速度提高，或

狼在捕猎时，往往采取团体进攻的方式

其他猎物数量减少，导致狼捕食的困难程度增加，这时只有速度最敏捷和体型最灵巧的狼，才能获得充分的生存机会，所以会被选择、保存下来。当然，它们还必须在所有季节都具备足够的力量去捕食其他动物。

同理，人类总想保存最优良的狗，但并不想改变品种。当人们通过仔细有计划的或无意识的选择时，就能提高猎狗的敏捷性。显然，自然选择和人工选择产生的效果相同。

我还要补充一个例子，根据皮尔斯先生所说——在美国卡茨基尔山栖息着两种狼的变种：一种体形像敏捷的猎狗，以鹿为食；另一种身体较大且腿较短，常常袭击农民的羊群。

但必须注意的是，**只有那些躯体最细长的狼被保存下来，并不是任何单独明显的变异都能够被保存下来。**

不过，人工选择有时会产生将所有特征明显的变异都保存下来的情况，因为人工选择是靠保存一切有价值的个体，同时除去不良个体而进行的。

我还发现，在自然状况下，任何偶然发生的构造上的差异，比如畸形，都很难被保存下来。就算一开始被保存下来，而后因与正常个体杂交，其特征也会消失。虽然这么说，但直到我读到《北部英国评论》上刊登的一篇十分有价值且极具说服力的文章后，我才意识到，单独的变异，无论是细微的还是显著的，在自然界长久保存下去的情况是非常罕见甚至没有的。这位作者以一对动物为例，它们一生可产200个后代，但由于各种各样的原因绝大多数后代都没存活下来，仅有2个后代存活下来并进行了繁衍。对于多数高等动物而言，这是一种极端情况的估计，但对于许多低等动物来说，情况可能比这个还严重。

作者提出，假如一个新出生的单独个体在某一方面发生了变异，且使得它的生存机会比其他个体多2倍，但由于死亡率太高，该个体的生存仍会受一些因素的强烈制约。假设它能够生存并繁殖，并将它的有利变异遗传给后代，其后代的生存、繁殖机会也只是增强了一点儿，而且这种存活机会还会在之后的历代中逐渐减少。

我认为这个论点无疑是正确的。比如，我们假设某一种鸟，因长有弯钩的喙而容易获取食物，同时假设这种鸟里有一只鸟生来就有极为弯曲的喙，并因此免于毁灭并繁殖起来。然而即使如此，这只鸟想要排挤掉普通类型而延续自身种类的机会实在是太少了。当然，按照我们在家养状态下所观察到的情况，如果我们把大量的具有弯钩喙性状的个体一代又一代地保存下来，并且同时把具有直喙的个体大量毁灭，那么就能得到上面提到的结果。

相似变异的强烈趋势

我们不能忽略的是，由于相似的组织结构可以起到相似的作用，所以一些显著的变异会一次又一次地出现，而这些变异不应只被视为个体差异，这点我们可以从家养生物中找到很多证据。在这种情况下，即使变异的个体暂时没有把新获得的性状遗传给后代，但只要生存条件不改变，该物种迟早还会按同样的方式变异，并且以更强烈的趋势遗传给后代。毫无疑问，这种按同一方式进行的变异倾向，往往是非常强烈的，因而就会导致同种的所有个体在没有任何外界帮助的情况下，也会发生相似的变异。

还有一种情况是，一个物种的1/3、1/5或1/10的个体而不是全部会受到这种变异的影响。例如，格拉巴曾估算出，法罗群岛上约有1/5的海鸥属于一个显著的变种，而这个变种以前被列为一个独立物种。在这种情况下，如果变异是有利的，按照适者生存的原理，原有类型很快就会被变异的新类型取代。

法罗群岛：由位于北大西洋中的18个岩石岛屿组成，具有丰富的海鸟资源。

我以后还要详细讨论杂交有消除所有种类变异的作用。但在此，我需要简单说明一下，大多数动植物都会固守本土，若非特殊情况，一般不会向外流动，即使是候鸟也常常返回它们的原住地。因此，每一个新形成的变种，一般都只生活在自己原来的地区，这似乎是自然状态下变种的普遍规律。于是，许多发生相同变异的个体，就会在短时间内聚集成一个小的群体，并在一起繁殖。如果新的变种在生存斗争中获得胜利，这些个体就会从中心区域开始逐渐向外扩散，不断扩大圈子，并且在边界上与那些未变异的个体进行斗争，最终战胜它们。

下面再举一个更有用、更复杂的例子，来说明自然选择的作用。

有些植物为了将体液内有害的物质排出，会分泌出甜液。比如，某些荚果类植物在 托叶 基部的腺体中分泌出甜液，普通月桂树位于叶背面的腺体会分泌甜液。虽然，这些甜液分泌的量并不多，但昆虫对其都有着贪婪的需求。然而，对这些植物而言，昆虫的到来却没有任何的益处。

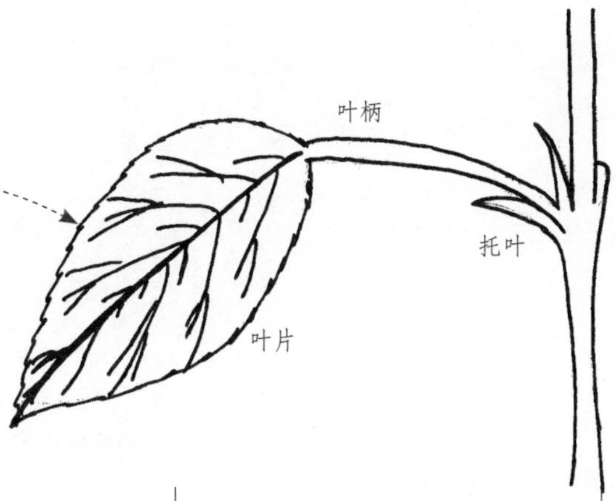

托叶：植物学术语，指某些植物生长在叶柄基部附近的像叶子一样的组织。托叶是对植物进行形态描述和分类的重要特征。

我们做个假设，如果这些甜液是从一种植物的若干植株的花里分泌的，昆虫为寻找这种甜液（花蜜）就会沾到花粉，并把花粉从一朵花带到另一朵花上去。于是，同种的两个不同个体就产生了杂交，从而产生十分强壮的幼苗，同时使幼苗得到了更好的生存和繁殖的机会。那样具有最大花蜜腺的植株，其分泌的花蜜最多，所以昆虫造访的也最多，因此获得的杂交机会也最多。长此以往，这种类型的植物就占有了优势，随之发展成为一个地方的变种。

如果花的雄蕊和雌蕊所处的位置与吸引到的昆虫的大小和习性相匹配，那么在一定程度上是有利于昆虫传授花粉的，这样花也会受益。

如果一种昆虫，不采集花蜜而只采集花粉，对于植物而言这根本就是一种巨大的毁灭，因为花粉的形成就是为了受精用的。但是，如果这种吃花粉的昆虫偶尔将少许花粉从一朵花传到另一朵花，而后慢慢形成了一种习惯，这就促进了植物的杂交，即使十份花粉里有九份都被吃掉了，但仍有花粉会被传播。所以，那些能够产出较多花粉的以及具有较大花粉囊的植物个体就会被自然选择保留下来。

冬青：隶属于被子植物门，双子叶植物纲，无患子目，冬青科。冬青属于常绿乔木，叶呈狭长椭圆形，边缘有浅圆锯齿，雌雄异株。果实椭圆形或近球形，成熟时深红色。

如果上述过程长期持续下去，植物就会具有很强的吸引昆虫的能力，昆虫会不知不觉地在花与花之间按时传花粉。上面的论述有很多例子可举，在此我只举一个，同时这个例子还可以说明植物雌雄分株的演化步骤。

部分冬青只生雄花，每朵花有4枚雄蕊，其中产生的花粉量不多，还有1枚不发育的雌蕊。除此之外的冬青只生雌花，花中有1枚发育完全的雌蕊和4枚花粉囊萎缩的雄蕊，且花粉囊里没一粒花粉。

在距离一株雄冬青60码远的地方，我找到了一株雌冬青树，然后从它不同的枝芽上取下了20朵花。当用显微镜观察这20朵花的雌蕊柱头时，我发现所有柱头上都毫无例外地沾着几粒花粉，甚至有的柱头上的花粉数量很多。由于前几日的风向都是从雌树吹向雄树的，所以花粉不可能是靠风来传播的。虽然天气很冷并有暴风雨，对于蜂来说不利，但我检查过的这20朵雌花上都因这些往来于花间的蜂而成功受精了。

现在，我们再回到之前的设想中：**一旦植物变得高度吸引昆虫，昆虫便会按时将花粉从一朵传递到另一朵**。所有博物学家都相信“生理分工”的益处，因此我们可以相信，一朵花或全株植物只生雄蕊，而另一朵花或另一株植物只生雌蕊，这是对植物有利的。栽培的植物或置于新生活环境的植物，有时是雄性器官，有时是雌性器官，会受到一定程度的影响，甚至功能会有所减退。在自然状态下，这种情况也会发生，不过程度微小。既然花粉已能够按时从一朵花传递到另一朵花，而依据“生理分工”原则，更完全的性别分离对植物体更为有利，因而雌雄分离明显的个体将会不断受益而被选择，到最后实现雌雄两性完全分离。

显然，现在有许多二形性植物正在缓慢地进行雌雄分离，但若要说明性别分离的步骤则需要很大的篇幅，我就不在此赘述了。我只补充一点：根据阿沙·格雷所说，美洲北部的一些冬青正处于一种中间状态，即存在一种带有杂性异株现象的冬青。

杂性异株：以雌雄异株为主，夹杂完全花（一朵花兼备完整的雌蕊和雄蕊）。

连续选择

接下来我们谈谈以花蜜为食的昆虫。假如一种普通植物因为连续选择，而令花蜜逐渐增多，并且有些昆虫主要以这种植物的花蜜为食。那么，我们能举出大量例子来说明，蜂是如何急于采蜜而想办法节省时间的。

有些蜂习惯在某些花的基部咬一个洞，来吸食花蜜，其实它们本可以稍微花费一些时间从张开的花瓣中进入。看到这些情况，我们就会明白，在一定环境条件下，那些不易察觉的微小的个体差异，如口吻的长度、弯曲度等，与蜂和其他昆虫却有着非常大的利害关系。因此，有些个体比其他个体能够更快捷地获得食物，这样一来，它们所属的群体就会逐渐繁盛，同时还会繁衍出许多继承了同样性状的类群。

花冠：由若干花瓣组成，排列为一层或多层。

普通红花三叶草和肉色三叶草的筒状花冠，它们的长度粗略看来没有什么差异，但蜜蜂可以轻易从肉色三叶草吸取花蜜，却不能吸到红花三叶草的花蜜。红花三叶草的花蜜只有土蜂能吸取，其他蜂都不行。因此，尽管红花三叶草遍布田野，蜜蜂却无法享受。然而，蜜蜂却十分喜爱红花三叶草的花蜜，所以我曾多次观察到，在秋季，有很多蜜蜂通过土蜂在红花三叶草的花冠基部咬破的小孔去吸取花蜜。这两种三叶草花冠长度的差异极其微小，但却决定着蜜蜂是否能够采集花蜜。

曾有人告诉我，红花三叶草收割后，第二茬儿的花要小一点儿，而那时候就会有很多蜜蜂来造访它们了。对于这种说法，我不知道是否准确。同样，我也无法确定下面这篇已经发表过的文章中所记载的内容是否可靠。文中说：

意大利的一种蜜蜂（一般认为是普通蜜蜂的变种，与普通蜜蜂之间可以自由交配）可以进入红花三叶草分泌蜜汁的地方去吸食花蜜。

如果这点属实，那么在覆盖了红花三叶草的地区，那些口吻略长或具有不同形状口吻的蜜蜂，能够获得好处。

从另一方面来说，由于红花三叶草的受精完全要靠蜂的采蜜行为才能进行，所以当某一地区土蜂减少时，那些花冠短或分裂较深的植株将会得到较大好处，因为一般的蜜蜂就可以吸食它的花蜜。

现在，我们就可以理解，**在结构上具有互利关系的两种生物，通过连续不断地保存细微差异，就可以同时或先后发生变异，以达到完全的适应，**就像花与蜂之间的这种完美的相互适应。

我知道，用以上想象的例子来解释自然选择学说，一定会遭到人们的反对，就像当初莱伊尔爵士提出“用地球近代的变迁解释地质学”时遇到的反对一样。但如今，运用仍然活跃的一些地质作用来解释深谷与内陆崖壁的形成，已经成为一种常态。自然选择的作用，仅在于把每一个有利于生物的微小遗传变异保存和积累起来，就如同近代地质学已经抛弃了那种通过一次大洪水就能凿成一个大山谷的观点一样，自然选择学说也否定那种连续创造新生物的观点，排除生物构造会发生巨大或突然变异的观点。

个体间的杂交

交配繁殖

我不得不先稍微说一些题外话。除了我们还不太了解的奇特的单性生殖外，很明显，只要是雌雄异体的动物或植物，生育都必须交配。但如果是雌雄同体的动植物，这种现象就不怎么明显了。

单性生殖：也称孤雌生殖，即卵子不经过受精也能发育成正常的新个体。

不过，我们有理由相信，即使是雌雄同体的生物，个体也会偶尔地或习惯性地两两结合来繁殖后代。斯普兰格尔、奈特和凯洛伊德在很早之前就曾模糊地提出了这种观点。这种观点的重要性用不了多久就会体现出来，在这里我先简单地论述一下这个问题。**所有的脊椎动物、昆虫以及其他某些大类的动物，都必须交配才能够生育。**

近代研究的结果，已将过去认为是雌雄同体的生物数目大为减少了。即便是真正雌雄同体的生物，绝大多数也要进行交配。这也就是说，为了繁殖，两个个体一定要进行有规律的交配，这正是我们所要讨论的问题。当然，肯定也存在着很多不经常交配的雌雄同体的动物，另外大多数植物都属于雌雄同株，我们有什么理由去想象它们必须通过交配而繁殖呢？所以在这里，我只能大概地讲解一下。

首先，我通过之前收集的大量事实以及做的很多实验发现，**杂交即动植物不同变种之间的交配，或同一变种内不同品系的个体交配，可以使后代更强壮，并且生殖能力更强。**与此相反，近亲交配则会降低生物的强壮性和能育性。这与饲养专家的观点是一致的。这些事实使我相信自然界的法则是，生物靠自体受精是不可能世代永存的。换句话说，**生物个体与个体之间偶然地或每隔一定时期进行交配，是必不可少的。**

如果把这一观点看作自然法则，那么我们就能理解下面将要提到的几大类事实。

培养过杂交植物的人都知道，将花暴露在雨中，对受精是非常不利的。但实际情况是，柱头和花粉囊完全暴露在外的花有很多。植物自身的花粉囊和雌蕊生得很近，基本能够保证自花授粉，所以如果想要进行杂交，就必须使花与花之间传递花粉的路径变得十分顺畅，从而我们便能理解为什么这些花粉囊和柱头要暴露在外了。

另外还有很多例外情况，例如荚果类植物的花拥有紧闭的结籽器官。不过，这些花对于前来造访的昆虫，基本上都有着完美而奇妙的适应。许多蝶形花非常需要蜂来授粉，如果防止蜂来访，那么这种植物的

蝶形花：即花冠呈蝶形的花，大部分荚果类的花都是这种形状。

能育性就会大受影响。一般说来，昆虫从一朵花飞到另一朵花，肯定多少要传带一部分花粉，这就使植物获得巨大的利益。昆虫就像是一把驼毛刷子，只要先触到一朵花的花粉囊，再触到另一朵花的柱头，就可以保证受精作用顺利完成。

但是，我们不要错误地认为，通过蜂的传粉作用，不同植物也能产生出许多杂交品种。这是因为同种植物的花粉与另一种植物的花粉虽然都落在同一柱头上，但同种的花粉具有更强大的优势，以至于异种花粉完全遭到毁灭。格特纳以前也曾表达过这一观点。

植物界的杂交现象

当你看到一朵花的雄蕊突然向雌蕊弹跳，或是一枚枚雄蕊缓慢地向雌蕊弯曲，这些情形就好像专门为了保证自花授粉一样。毋庸置疑，这些确实对自花授粉有很大的帮助。不过，雄蕊向雌蕊的弹跳往往需要借助昆虫的帮助才能实现，如凯洛伊德所阐述的小檗就是这个样子。

在小檗属中，几乎所有的植物都会有这种特殊的有利于自花传粉的装置。但是，众所周知，如果把这些近缘的物

小檗：隶属于被子植物门，双子叶植物纲，毛莨目，小檗科。小檗为落叶灌木，枝小，具短小针刺，刺不分叉，叶呈倒卵形或匙形，叶表暗绿，光滑无毛，背面灰绿，有白粉，叶脉不明显，入秋后叶色变红。花两性，淡黄色，生在叶子根部，成簇。浆果长椭圆形，长约1厘米，成熟时为亮红色。

种或变种种植在彼此靠近的地方，那么我们就很难培育出纯种的幼苗来，因为这些植物进行了大量的自然杂交。在很多实例中，植物拥有特殊的装置来有效防止柱头接受自花花粉，从而使它们无法自花授粉。斯普兰格尔以及其他学者的著作中都谈到了这一点，而且我本人也观察到这一情况。

亮毛半边莲拥有一种美丽且精巧的装置，可以将花粉囊中的花粉在本花雌蕊柱头准备授粉前，全部清除出去。在我的园子里，因为基本没有昆虫去造访这种花，所以它从不结籽。但是，当我把一朵花的花粉放在另一朵花的柱头上，种子便诞生了，并由此还培育出幼苗。与之相比，我园中的另一种半边莲就可以自由地结出种子，因为经常有蜂去造访。

其实，大部分能够阻止自花授粉的植物并不具备什么特殊的装置。最近，斯普兰格尔、希尔德布兰德以及其他人，还有我都证实：这些植物采用了两蕊异熟的方法来防止自花授粉。

所谓两蕊异熟，是指雌蕊柱头能授粉之前，雄蕊的花粉囊就已裂开，也就是花粉成熟散落出来，或是雌蕊柱头已经可以授粉但花粉尚未成熟。

两蕊异熟植物实际上与雌雄异体的植物一样，必须经过杂交才可以进行授粉。前面提到的二形性或三形性的交替植物情况与之相同。

这些实例是多么神奇啊！同一朵花内花粉位置与柱头位置靠得非常近，就像专门为自花授粉而准备的，但大多数情况下，这种位置上的靠近并没有什么用处，这些现象简直令人费解。但如果我们用不同个体的杂交优越性来解释这些现象，问题就又变得简单了许多。

如果把甘蓝、萝卜、洋葱以及其他植物的几个变种，种植在彼此比较近的地方，我们就会发现，植物结出的种子所培育出来的幼苗大多数都是杂种。

我将几个甘蓝的变种栽培在一起，它们所结的种子培育出了233株幼苗，而其中只有78株依然保持了原变种的性状，甚至这78株中有一些也并非纯种。

我们仔细观察甘蓝花发现，每一朵甘蓝花的雌蕊不仅被同一朵花的6个雄蕊包围着，而且还被同株植物上的许多花的雄蕊包围着，花粉即便没有昆虫的帮助也能轻易落在柱头上。

我曾见过被细心保护起来，与昆虫隔离的甘蓝花也能结籽。但上面提到的那么多杂种幼苗又是从何而来呢？这一定是因为变种的花粉，比普通种的花粉更具优势。这也进一步证明，同种的不同个体之间杂交具有优势这一普遍法则的正确性。但如果让完全不一样的物种进行杂交，那么就会出现相反的结果，因为此时植物自身花粉往往比外来的花粉更具优势，这个问题我会在后面展开讨论。

对于一株开满花的大树，人们总认为花粉最多也只能在同一株树的不同花之间进行传送，这种想法是不正确的。当然，我们也不应该认为，只有在某种特定前提下，同株树上的花才能被看作不同个体。自然界早已赋予了树一种强烈的倾向，使雌雄各异的花生长在不同的树上。即使雌花和雄花都长在同一棵树上，花粉也必须从一朵花传递到另一朵花去，所以花粉肯定有从这棵树传送到另一棵树上的机会。

一切能代表目一级特征的植物，雌雄分化现象一般比其他植物更常见，我在英国就看到了这种情况：

> 应我的要求，胡克博士将新西兰的树种列成表格，阿沙·格雷将美国的树也排列成表，所展示的结果与我预想的一致。但胡克博士告诉我，这一规律并不适用于澳大利亚的情况。不过我想，如果澳大利亚多数植物都是两蕊异熟型，那么与雌雄分化的花的结果是一样的。

以上，我以树木为例进行的一些简单论述，只是为了引起大家对这个问题的关注。

动物界的杂交现象

下面再让我简单地谈谈动物的杂交情况。虽然有很多陆生动物是雌雄

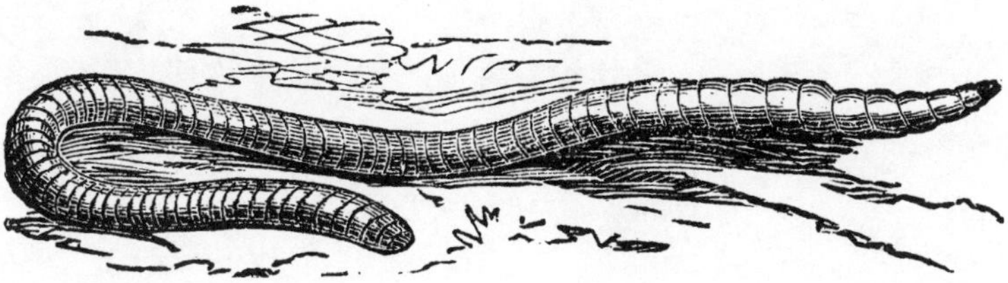

蚯蚓　隶属于环节动物门，寡毛纲的一类动物。蚯蚓身体呈圆柱形，两侧对称，具有分节现象，没有骨骼，属于无脊椎动物，体表裸露，无角质层。蚯蚓雌雄同体，但同一个体的精子与卵子不同时成熟，故为异体受精，有交配现象。

同体，比如陆生软体动物和蚯蚓等，但它们都需要异体交配。

目前，我们还找不到一种陆生动物可以自体受精。这一显著事实与陆生植物形成鲜明对照，但我们按照偶然杂交的必要性原理，就能够完全理解这一事实。

陆地动物不能像植物那样，依靠昆虫或风作为媒介来进行杂交，而是要依靠两个个体之间的交配才能完成杂交。而水生动物中有一些雌雄同体的种类，是能够进行自体受精的，水的流动显然是它们杂交的媒介。

我曾向权威专家赫胥黎教授请教，是否可以找到一种雌雄同体的动物，它的生殖器官完全封闭在体内，以至于不能与外界沟

托马斯·赫胥黎（1825~1895），英国博物学家、教育家，达尔文学说的忠实捍卫者。

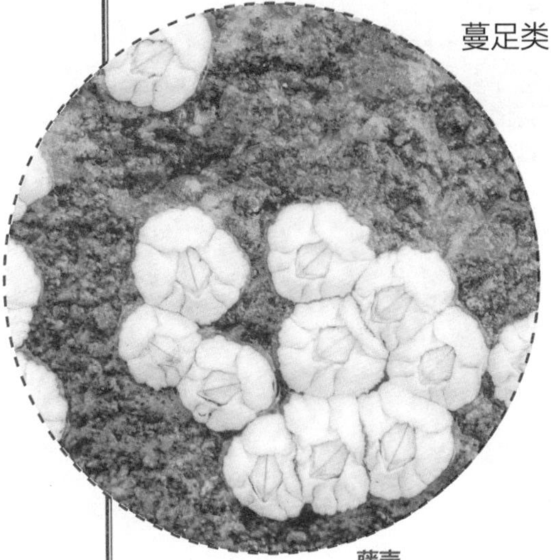
藤壶

蔓足类　隶属于节肢动物门，甲壳纲的一类海栖动物。该类物种身体分节不明显，外面常被覆石灰质壳板，6对胸肢的内外肢都长而多节，卷曲如蔓，故称为蔓足（用来摄食），大部分为雌雄同体。常见的种类有藤壶，它们多附着在船底，给船身造成一定的破坏。

通，无法接受不同个体杂交的影响。我没能得到肯定的答案，正如花中找不到这样的例子一样，动物中也找不到。上述情况使我很长时间不能理解蔓足类的受精过程，不过一个偶然的机会使我证明了它们虽然是雌雄同体，但却是异体受精，进行杂交。

无论是植物还是动物，同科甚至同属的物种，虽然在整体构造上十分接近，但仍然有些是雌雄同体，有些是雌雄异体。这令许多博物学家感到惊讶。不过，如果所有的雌雄同体的生物都能偶尔进行杂交，那么它们就与雌雄异体的物种之间没有多大的差异了。

根据上述理由，还有我所收集的大量事实（在此不一一列出），可以证明：动植物个体间的杂交现象，即使并不绝对，也一定是非常普遍的自然规律。

通过自然选择产生新类型的有利条件

个体数量

这是一个极为复杂的问题。很显然，包括个体差异在内的大量变异，对形成新的生物类型是有利的。在一定时期内，如果个体数量大，那么出现有利变异的机会也就会随之增多，因此即使每一个个体的变异量比较少，也能够得到一定的补偿。所以，我相信**个体数量多少是自然选择成功与否的极重要因素。**

虽然自然选择可以在长时间内起作用，但并不意味着这种长时间是无限期的，这是因为所有生物都尽力在自然界中争取一席之地。任何一个物种，如果没有随着它的竞争者发生改变而改进，它就会遭遇被灭绝的命运。**有利变异至少得有一部分可以遗传给后代，这样自然选择才能发挥作用。**返祖倾向经常抑制或阻止自然选择作用，但是既然这种倾向没有阻止人类通过选择来培育出众多的家养品种，那么它又怎么能战胜自然选择，不让其发挥作用呢?

有计划的人工选择

在有计划的人工选择中，饲养者为了一定的目的而进行选择，如果在这个过程中他放任个体自由交配，那么他的工作一定会失败。其实，在饲养动植物的过程中，很多人并没有改变品种的意图，他们只是有一个近乎完美的品种选择标准，并根据标准选取获得最优良变异的个体来繁殖后代。人类这种无意识的选择，即使没有将选择下来的个体分离开，也一定会使品种缓慢地改进。

自然状态下的选择也是这样进行的。因为在一个有限区域内，有些地方的自然体系中还存在一些空缺位置未被占领，那么所有向着正确方向变异的个体，就算变异程度不一样，也都会被保存下来。但是，如果在一个很大的地区里，其中各个小区域的生活条件一定会有所不同，那么同一物种就会在不同区域内发生不同的变异，而这些新形成的变异个体有可能会在各小区域的边界地带进行杂交。我将在后面进行详细阐明，长久生活在中间区域的中间变种，一般会逐渐被邻近地区的一些变种所替代。

杂交主要影响的是那些每次生育都必须交配的、流动性大的且生育率低的动物。所以就像我看到的那样，具有这些特征的动物，比如鸟类，它们的变种通常仅存在于隔离的地区内。那些只偶然才会进行杂交的雌雄同体动物，以及那些每次生育必须交配，但流动性差、繁殖率高的动物，其新改良后的变种可以在任何一个地方迅速形成。如果是那种先在一个地方聚集成群以后，再扩大范围向外散布开去的生物，那么新的变种个体也会相互交配。根据这个原理，园艺者通常喜欢从大群植物中留存种子，因为在大群中杂交的机会多，更利于保持物种的原有状态。

杂 交

对于那些每次生育必须交配，且繁殖速度不快的动物而言，偶然杂交也不能完全消除和影响自然选择的效果。我可以举出大量实例来进行说明：在同一地区，同一物种的两个变种，经过了很长的时间后，它们仍保持着明显的性状差异，这是因为它们栖息的场所不同，或繁殖的季节稍有不同，抑或是每个变种个体喜好与同种个体交配等原因，造成它们之间杂交机会变低。

杂交可使同一物种或变种的个体保持性状的纯粹和一致，这是杂交在自然界中的重要作用。对于每次生育必定要交配的动物来说，这样的作用明显更大。前面已经讲过，所有动植物都会偶然杂交，即使杂交是间隔很长时间才进行一次。杂交生产出来的幼体与自体受精后产生的后代相比，更强壮、更富有生殖力，因而这些个体能获得更好的生存和繁殖的机会。因此，即便间隔很久才杂交一次，仍能发挥很大的作用。

至于那些最低等的生物，由于它们不能进行有性生殖，并且不存在个体的结合，所以不能进行杂交。若将它们放置在同一生活条件下，要想保持一致性状，只有通过遗传原理以及自然选择，将那些与原种偏离的个体摒弃掉。如果生活条件以及类型都发生了变化，那么只有依赖自然选择保存那些相似的有利变异，才能使变异的后代在性状上取得一致。

隔 离

隔离是通过自然选择保留物种变异的另一个重要因素。在一个范围不太大的有局限或被隔离的地域内，有机和无机的生活条件基本上是一致的。在这里，自然选择倾向于使同种的所有个体都以同样的方式进行变异，而这些生物与周围地区生物的杂交也会受到抑制。

对于这个问题，华格纳曾发表过一篇有趣的论文，其中提到“隔离在阻止新变种进行杂交方面发挥了作用，而且其重要性远远超过了我的设想”。

但是，根据前面提到的原因，我绝不同意这位博物学者提出的“形成新种的必要因素是隔离和迁徙”这一观点。当气候、陆地高度等外界条件出现变化后，隔离所起的作用，就是阻止那些适应性较强的生物移入这个地区。于是，这个区域的自然组成中就会有新位置空出来，原栖息于此的生物变异后就会填充这个空白。最终，隔离为新变种提供了缓慢改进的空间。这一点在很多情况下都非常重要。但是，如果隔离区很小或者四周有障碍物，又或者自然条件极为特殊，那么这里的生物总数就会很小，于是产生有利变异的机会也会降低，所以通过自然选择形成新种的过程就会受

时间对自然选择的影响

时间的推移本身并不起什么作用，它既不会推动自然选择，也不会影响或阻碍自然选择。我之所以特意说明这一点，是因为有人误以为我曾假定时间这一因素在改变物种上起着非常重要的作用，就像人们误以为所有生物由于一些内在法则必定会发生变异似的。其实，时间的重要性仅在于它能够为有利变异的发生、选择、积累和固定提供机会。而且，时间还可以增强物理生活条件对新物种形成的直接作用。

到阻碍。

如果我们到自然界去验证这种说法是否正确，观察任何一处被隔离的小区域，比如海洋中的岛屿，就会发现那里生活的物种数量非常少。这些物种中大多数都是本地专有的，也就是说，它们只会生存在此地，而在世界其他地方是没有的。所以乍看起来，海洋中的岛屿对新种的产生非常有利，但这种想法是错误的。因为要确定到底是一个隔离的小区域，还是一个开放的大区域，如一片大陆，更有利于生物新类型的产生，我们需要在相同的时间内进行演化比较，而我们是不可能做到这一点的。

虽然隔离对新种的产生十分重要，但从整体上看，我认为地域宽广对新种的产生更为重要，尤其对于那些寿命长、分布广的物种。因为一个宽广且开放的区域可以容纳大量的同种个体生存，所以就增加了有利变异产生的机会。而且，由于大区域里已经栖息着大量物种，所以外界环境也极其复杂。如果这些物种中有一部分发生了变异或改进，那么其他物种必定会在相应程度上进行改进，否则它们就会灭绝。

当每一种新类型得到极大的改进后，就会向着开放的、相连的其他区域扩散，因而会与很多其他生物类型发生生存斗争。此外，因过去的地面升降运动，现在连续的广大地区以前是不连续状态，所以隔离对新种产生所起的良好作用的确存在过。

由此可见，虽然小的隔离区域在一些方面对新种的产生是非常有利的，但一般说来，变异过程还是在大区域进行得更快一些。更重要的是，在大区域产生的并且已战胜过众多竞争者的新类型，一定是那些分布最广、最远且产生最多新变种与新物种的类型。所以，在生物的发展史上，这类物种占有较为重要的位置。

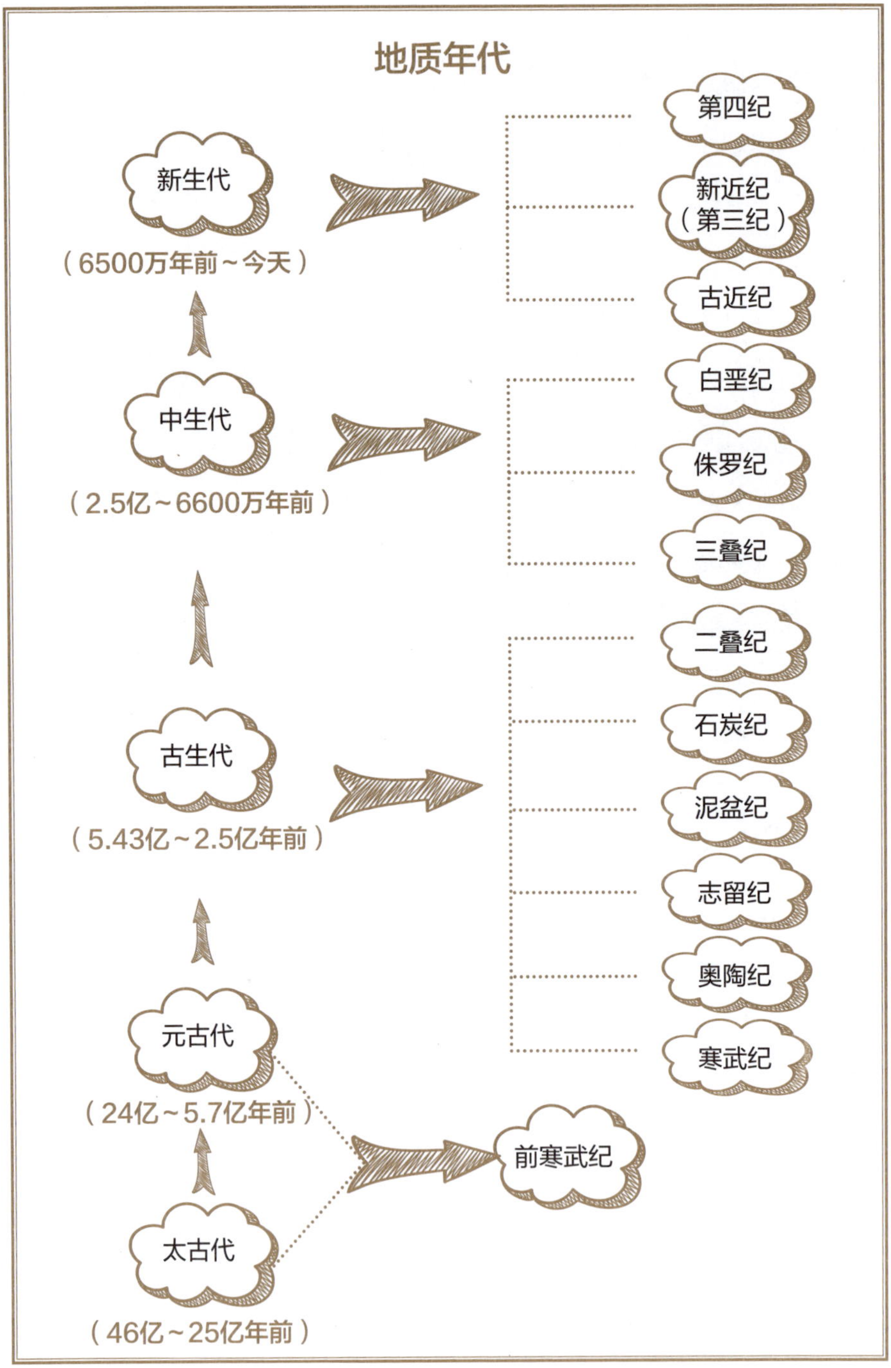
地质年代
新生代
（6500万年前～今天）
中生代
（2.5亿～6600万年前）
古生代
（5.43亿～2.5亿年前）
元古代
（24亿～5.7亿年前）
太古代
（46亿～25亿年前）
第四纪
新近纪（第三纪）
古近纪
白垩纪
侏罗纪
三叠纪
二叠纪
石炭纪
泥盆纪
志留纪
奥陶纪
寒武纪
前寒武纪

根据以上观点，我们就可以理解，为什么较小的大陆，就像澳大利亚，那里的生物与较大的欧亚大陆的相比，逊色了很多。另外，生活在大陆上的动物可以在周边岛屿上完成驯化。小岛上的生存斗争一般不太激烈，那么变异也少有发生，物种被灭绝的情况也比较少。于是，我们就可以理解，为什么希尔德布兰德会说马德拉群岛上的植物区系在某种程度上很像已经灭亡的欧洲第三纪植物区系。

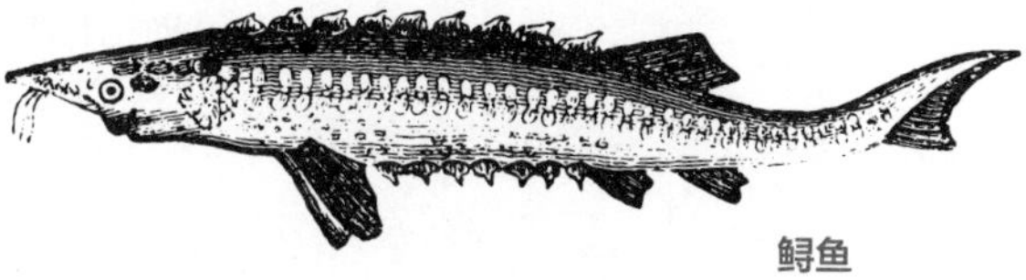

鲟鱼

总体上看，与海洋和陆地相比，所有池塘、湖泊等淡水盆地只是一个小小的区域，所以淡水生物之间的斗争，远不如海洋里的斗争激烈，这也就是为什么淡水生物新类型的产生和旧类型的消亡都比较缓慢的原因。

硬鳞鱼类：隶属于脊索动物门，鱼纲，辐鳍亚纲，硬鳞总目，是鱼类中古老类群的残余种，除了具有常见硬骨鱼类的主要特征外，仍留有一些原始性状。代表动物有中华鲟、长江鲟、弓鳍鱼等。

硬鳞鱼类曾是一个占优势的目，现在它仅在淡水区域遗留下7个属。同时，在淡水中我们还发现了世界上几种形态最奇特的动物，如鸭嘴兽和肺鱼。

现在已知依旧存活的硬鳞鱼类有4个目，9个属。

这类动物将当今在自然分类上相距极远的一些目在一定程度上联系起来。我们把这种形态奇特的动物称为**活化石**。它们之所以能够保存至今，主要原因是它们生活在隔离地区，因而较少发生变异，毕竟隔离地区的生存斗争并不太激烈。

鸭嘴兽 隶属于脊索动物门，哺乳纲，原兽亚纲。鸭嘴兽栖居于河川沿岸，穿洞为穴，以软体动物、甲壳类、蠕虫及昆虫为食。其每次产1～3枚卵，经14天孵出。幼崽舔舐母兽腹部乳腺分泌的乳汁，4个月后开始独立生活。该亚纲是哺乳类中最原始的类群，具有一系列接近爬行类和不同于高等哺乳类的特征，如卵生，乳腺仍为一种特化的汗腺，不具备乳头，肩带结构类似爬行动物，大脑皮层不发达，调节体温的能力不完善等。这些特征对于研究哺乳类的起源具有重要的科学价值。

肺鱼 隶属于脊索动物门，鱼纲，双翼肺鱼目。肺鱼属于一种古老的鱼类，其身体结构独特，是研究鱼类进化的重要动物物种。其体呈鳗形，被覆埋于皮下的细小圆鳞，胸鳍、腹鳍极端退化，只留一根分节的主轴骨，呈鞭状，有些种类甚至完全退化。在所栖水域开始干涸时，便部分改为肺呼吸；当完全干枯时，就钻入淤泥中，进入休眠状态，完全用肺呼吸。干旱期过后，水位恢复，肺鱼就从泥中钻出，进行繁殖。卵产在水底挖出的穴道中，雄鱼留在其中，守候受精卵到孵化成幼鱼。

自然选择对产生新物种的有利和不利条件

现在，让我在这个极为复杂的问题所允许的范围内，总结一下经过自然选择，产生新物种的有利和不利条件。

对于陆生动物而言，地面多次发生升降变迁的广大地区，最有利于产生许多新生物类型。这些生物既能长期生存，也能广泛分布。如果这片广大地区是大陆，那么生物的种类和个体数都会非常多，因此斗争非常严酷。

如果地面下陷后，大陆被分隔成几个大岛，那么每个岛上都会生存着很多同种个体。但新种在分布边界上的杂交就会受到一定的限制，因为迁入受到了阻碍。无论岛上经历了什么样的自然条件的改变，各岛上的自然组成中的新位置，只能由原有生物的变异来填充。而每个岛上的变种也有充分的时间进行变异和改进。

如果地面又升高了，这些岛屿又连接起来变回大陆，就会再次发生激烈的生存斗争，那么最有利的或改进最完善的变种将得以扩散，而那些改进较少的类型大部分都会遭到灭绝。而且，在新连接的大陆上，各种生物的相对比例数也会发生变化。此外，这里又会成为自然选择最活跃的场所，将有充分的机会进一步改进旧物种，创造新物种。

我完全承认，自然选择的过程是极其缓慢的。只有在某一地区内的自然组成中还留有一些位置且现在生物变异后能够较好地占据空白时，自然选择才能发挥作用。这些空余位置的出现，一般都是由自然环境中缓慢的物理变化决定的。另外，适应性较好的类型的迁入受到阻止也是决定因素之一。当原有生物的一小部分发生变异后，它们与其他生物之间的关系就会被打乱，于是新位置又会出现，等待适应能力更强的类型去填充。所有这一切都进行得非常缓慢，虽然同种生物的个体间存在着细微的差异，但要使它们身体构造的各部分表现出显著的差异，则需要很长的一段时间。而自然杂交往往还会使这种结果受到延滞。

许多人也许会说，这几种原因足可以抵消自然选择的力量，但我认为情况不是这样。我坚信，**自然选择作用一般是十分缓慢的，必须经过相当长的一段时间，而且只作用于同一地区的一小部分生物身上，但这种缓慢的、断断续续的选择结果，与地质学告诉我们的世界上生物变化的速度和方式是十分吻合的。**

假如人工选择的有限力量都能大有作为，那么自然选择作用固然缓慢，但在相当长的时间里，通过适者生存的法则，生物的变异量将是没有终点的。所有生物与生物之间，生物与其物理生活环境之间，那种相互适应的复杂且神奇的关系，也将没有终点。

自然选择所引起的灭绝

自然选择的作用只能保存某些方面的有利变异，并使其能持续下去。另外，由于所有生物都是按照几何级数增加的，所以每一个地区都充满了生物。那么，随着有利类型个体数目的增加，较不利类型的个体数肯定会减少甚至变得稀少。地质学告诉我们，稀少就预示着灭绝。

众所周知，任何个体数量少的类型，如果遇到季节气候发生大变动，或敌害数量暂时增多，很有可能完全灭绝。进一步说，除非我们承认物种类型可以无限增加，否则一旦新类型产生出来，必然导致许多老类型灭绝。地质学明确指出，物种类型从来没有无限增加过。接下来我将说明一下，为什么全世界的物种数目不能无限增加。

在任何一定时期内，个体数目最多的物种，具备产生有利变异的最好机会。关于这一点，我在“自然状况下的变异”列举的事实可以证明——占优势的物种——那些普通的、分布广泛的物种，产生的、见于记载的变种最多。在任何一定时期内，个体数目较少的物种，其发生变异或改进的过程都是缓慢的，所以在生存斗争中，很容易被那些已变异和已改进的普通物种的后代击败。

根据上述论点，我们必然会得出以下结论：**随着时间的推移，通过自然选择形成了新物种，而其他物种会越来越少，以至绝灭。**那些与正在变异和改进的类型进行斗争的类型牺牲最大，很可能最先灭亡，因为它们之间的斗争最激烈。我们在有关生存斗争的部分已经看到，近缘的类型（包括同种的各变种，同属或近属的某些物种）由于具有近乎相同的结构、体质、习性，它们彼此之间的斗争最激烈，其结果往往是：每一个新变种或新物种形成过程中，总会给它最相似的近缘种类造成最大的威胁，并且有消灭它们的倾向。

同样，在家养物种里，人类对改良类型的选择，也会出现同样的消灭过程。有很多例子表明，牛、羊以及其他动物的新品种，花卉的变种，是如此迅速地取代了那些古老的低劣种类。我们知道在约克郡的历史长河中，古代黑牛被长角牛取代，短角牛又将长角牛消除干净，就像被残酷的瘟疫夺取了全部生命一样干净。

性状分歧

初期物种

性状分歧包含的原理极为重要，我们能用它来解释很多重要事实。首先，各个变种即便是特征非常显著的，也或多或少带有物种的性质，所以很多场合中，很难对它们进行分类。当然，这些变种之间的差异，与明确的物种相比，还是很小的。对此，我认为**变种就是演化过程中的物种，所以我将其称为初期物种。**

那么，变种间的较小差异是如何扩大为物种间的较大差异的呢？这个过程经常发生，我们能够通过以下事实来推断出，自然界中无数的物种呈现出显著的差异，是因为变种是未来具备显著差异物种的原型和亲种，但它们之间仅呈现出细小的且不确定的差异。仅仅只是偶然变异，导致一个变种在某些性状方面与亲种之间存在一定的差异，而后，这一发生变异的后代与亲种在这同一性状方面出现了更大的差别。不过，仅凭借这一点并不能解释为什么同属异种间的差异这么普遍、这么巨大。

按照往常的做法，我在家养动物和栽培植物中寻求这个问题的解释。人们承认，彼此差异极大的品种，比如短角牛与黑尔福德牛，赛跑马与驾车马，还有某些鸽子的不同品种等，绝不可能在许多连续世代中仅仅靠偶然积累的相似变异产生出来。

在实践中，有的养鸽者喜欢短喙的鸽子，而有的养鸽者则喜爱长喙的鸽子。一个被人们公认的事实是，养鸽者们都喜欢比较极端的鸽子类型，而不喜欢那些中间类型。因此，那些喙越来越短或越来越长的鸽子就会被养鸽者选择和饲养。翻飞鸽的亚种就是这样产生的。

此外，我们可以设想一下，过去一个国家或地区的人需要跑得快的马，而另外一个国家或地区则需要笨重而强壮的马。刚开始这两个地区的马可能差异很小，不易察觉，但随着时间的推移，一边不断选择快马，另一边不断选择强壮的马，这样原来差异微小的马逐渐变为具有明显差异的两个亚种。最终，在经过几个世纪之后，亚种就转变成界限分明、十分稳定的两个物种。此外，随着两者之间差异逐渐变大，那些具有中间性状的、既不快也不强壮的劣等马，便不会被用来配种，因此这种马会慢慢走向灭亡。

从这些人工选择的产物中可以看到性状分歧原理的作用，这种作用让最初难以察觉的差异逐渐扩大，最终品种与品种之间以及品种与其亲种之间，在性状方面发生了分歧。

变异使物种的数量大量增加

也许有人会问，是否可以把类似的原理应用于自然界呢？我相信性状分歧原理肯定可以应用，并且还可以产生十分巨大的效果（尽管经过很长时间我才知道该如何应用）。简单地说，任何一个物种的后代，越是在构造、体质、习性上有差异，它越能在自然界占有不同的位置，并且使该物种的数量大量增加。

从习性简单的动物中，我们可以十分清楚地看到这种情况。以食肉的四足兽为例，在任何一个能够维持生存的地方，其数量都早已达到了饱和状态。如果在某个区域内，自然条件没有发生改变，并准许它们的数量自然增加，那么只有那些变异了的后代，才能去争夺别的动物所占据的生存空间。比如，它们有的能获取新食物，无论是死的还是活的；有的改变生活场所，学会爬树、涉水；有的甚至减少肉食习性。总之，食肉动物的后代，在习性、构造方面越有分歧，它们能占据的生存空间就越多。

如果这个原理可应用于某一种动物，那么它就可以应用于任何时期的任何动物。这就是说，只要物种发生变异，自然选择就会起作用，但如果变异没有发生，自然选择就无法发挥作用了。

植物亦是如此，实验证明，如果一块土地上只播种一种草，而另一块相似的土地上播种了不同属的多种草，那么后者上所得到的植株数量和干草重量会比前者多。再比如，在两块相同大小的土地上，其中一块土地播种一种小麦变种，另一块则播种若干小麦变种，也会得到同样的结果。因为只要有一个草种正在变异，且各变异被继续选择，那么哪怕这些变种间差异极小，它们也会像不同物种或不同属那样进行生存斗争。于是，这一物种的大量个体，连同它的变种，都会成功地生活在同一土地上。

众所周知，每年草类中的每一个物种和变种都会散播无数的种子，以追求最大限度地增加个体数量。因此，数千代之后，只有那些最显著的变种，才有机会获得生存并增加个体数量，从而排斥掉较不明显的变种。当变种发展到彼此差异显著时，它们就能上升到物种等级了。

激烈的生存斗争

身体构造上的多样性，能够使生物最大限度地获得生存空间。许多自然环境中的情况，都证实了这个原理的正确性。在一个很小的区域内，特别是对外开放、可以自由迁入的区域，个体之间的生存斗争必定是非常激烈的。

在这种地方，我们总能看到生物间表现出非常大的分歧性状。例如，一块长4英尺宽3英尺的草地，多年来都生长在完全相同的条件里。这块草地上有20种植物，分别属于8个目18个属，可见这些植物彼此间的差异是多么巨大。

在情况相同的小岛上，植物和昆虫也是如此，而淡水池塘同样是这种情况。农民发现，要想在一块土地上尽可能多地收获粮食，就需要轮种不同科目的作物。自然界则会出现同时轮种的情况。假设一个小地方（这里只具备普通的性质，而没有任何的特殊性）密集地生活着动物和植物，它们中大部分都可以在此生存，或者说尽自己最大努力地存活。按照一般规律，我们能够看到，在生存斗争最尖锐的地方，由于构造分歧和习性、体制趋异所带来的利益，必然导致这样的情况：彼此之间斗争最激烈的，正是那些同属和同目的生物。

> 轮种：由于不同作物对土壤中的养分具有不同的吸收利用能力，因此轮种有利于土壤中养分的均衡消耗。同时，轮种还有利于减轻与作物伴生的病虫杂草的危害。

我们也可以根据同样的原理来分析，植物是如何经过人类的作用进行异地归化的。有人也许会认为，在任何一块土地上，归化的植物一定与当地的植物具有近缘关系。因为人们一般觉得生活于当地的植物，都是专门为了适应这个地方而创造出来的，而那些可以归化的植物，一定是属于那些特别能适应迁入地的极为少数的几类植物。

但是，实际情况却并不是这样的。康多尔在他的那本值得称颂的伟大著作中明确指出：在归化的植物中，新属与旧属的比例要高于新种与旧种的比例。举例来说，在阿沙·格雷博士的《美国北部植物志》最新一版中，列举了260种归化植物，它们属于162个属。由此我们可以看出，归化植物的趋异性非常大，而且归化植物与本地植物存在很大的差异，因为在162个归化属中，本土没有的新属不少于100个。因此，现今生存于美国的植物中，属的比例得到了极大的增加。

如果仔细考察那些在任何地方都能够与本土生物斗争并获胜、得以归化的动植物，从它们本身的性质中，我们大概可以认识到，有些本土生物要怎样变异才能战胜其他外来共生者。我们至少可以推断出，能够弥补与外来属之间差异的构造分歧，对于这些生物来讲肯定是十分有利的。

实际上，同一地方生物之间构造分歧所产生的优势，就如一个生物体体内各器官的生理分工所产生的优势一样。米尔恩·爱德华兹曾仔细讨论过这种情况。所有生理学家都相信，**专门用来消化植物性食物的胃从植物中获取的营养最多，专门消化肉类的胃从肉食中获取的营养最多。**

因此，无论是在什么样的土地上，如果动物或植物关于不同生活习性的生理分歧越广泛、越完善，那么其可以生活在该区的个体数量就越多。而身体构造分歧小的动物，很难与那些构造分歧大的动物进行生存斗争。

有袋类动物　隶属于脊索动物门，哺乳纲，后兽亚纲的一类动物。这类动物虽然是胎生，但不具有真正的胎盘，胚胎借卵黄囊而不是尿囊与母体的子宫壁相连，因而幼崽发育不良，需要继续在雌兽腹部的育儿袋中长期发育。有袋类动物适应于各种不同的生活方式，例如以肉食为生的袋狼、袋鼬，草食类的袋鼠以及类似于啮齿类生活方式的袋熊、袋貂和袋兔，所以是研究动物适应辐射和进化趋同的重要对象。

袋鼠

比如，澳大利亚的有袋类动物可以分为几类，但其各类之间的差异并不是很大。就像沃特豪斯先生及其他人所指出的那样，即使这几类有袋类动物勉强能够代表食肉类、反刍类、啮齿类的哺乳动物，但很难使人相信，它们能与那些发育良好的上述种类动物进行竞争并夺取成功。所以，在澳大利亚的哺乳动物中，分歧的进程仍然处于早期的和不完全的发展阶段中。

啮齿类：也叫啮齿目，隶属于脊索动物门，哺乳纲的一类动物。其特征为上颌和下颌各有两颗会持续生长的门牙，必须通过啃咬来不断磨短。代表动物有家鼠、松鼠、河狸等。

自然选择对共同祖先的后代产生的影响

自然选择对物种生存影响的十种假设

依据前面那些简短的讨论，**我们可以假定，任何一个物种的后代，在构造方面分歧越大，成功的可能性就越大，而且越能侵占其他生物的生存位置。**

接下来，我们来探讨一下，这种从性状分歧获得利益的原理，与自然选择原理、灭绝原理是如何结合在一起共同发挥作用的。

下面所附的一张图，可以帮助我们理解这个比较复杂的问题。

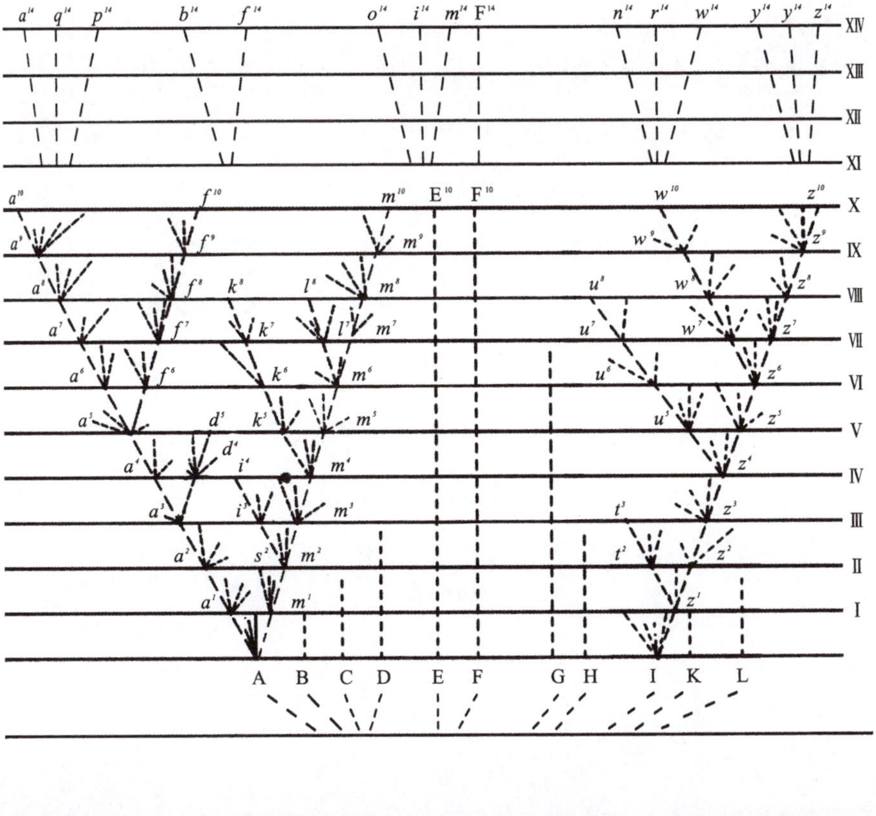

●从A到L，表示某地方的一个大属内的各个物种。

●我们用图中字母之间的不等距离来表示这些物种彼此之间不同程度的相似性，就像自然界中普遍存在的那样。在此需要强调的是大属，我们之前曾讨论过，比起小属，大属中变异的物种数和变异物种的个体平均数量更多一些。

●我们还能看到，那些最普遍、分布最广泛的物种，比那些罕见的、分布狭小的物种所产生的变异更多。

假设1 A代表大属中一个常见的、分布广泛的物种，从A发出的长短不一的，呈树枝一样分散开的虚线，代表了它变异的后代。

假设2 A的后代的变异都非常细微，但却拥有极高的分歧度，同时变异不是一起发生，而是间隔很长时间才发生，发生后能持续的时间也各不相同，并且只有那些有利变异才能被保存下来（被自然选择作用），那么这时就能体现出性状分歧在形成物种上的重要性，因为通常只有引起最大的性状分歧的变异（由图中外侧虚线表示）才能得到自然选择的保存和累积。

●如果一条虚线遇到横线时，就在那里用一个小数字做一个标记，表示变异的数目得到了充分的积累，进而形成了一个很显著的变种，并且该变种在分类工作中具有被记载的价值。

● 图中，每两条横线之间的距离，代表1000代甚至更多的世代。假定1000代以后，物种A产生了两个很显著的变种，分别记为a^1和m^1。

这两个变种所处的环境与亲代出现变异时所处的环境相同，而它们本身又具有遗传而来的变异倾向，因此它们很可能用与亲代相似的变异方式，继续产生变异。

此外，因为亲代A本身具有在数量上比本地其他生物更为繁盛的优点，而这两个变种又只是发生了极微小的变化，所以它们继承了亲代A的优点。

同时，这两个变种还遗传了更为普通的亲种所在属的优点。正是这些优点，使它们的属在该区域成为大属。可以肯定的是，所有上述条件对于新变种的产生都是十分有利的。

● 如果这两个变种持续发生变异，最显著的性状将在下1000个世代中被保存。这段时期过后，图中变种a^1产生变种a^2，依据分歧原理可知，a^2与A的差异比 a^1与A的差异更大。m^1产生两个变种m^2、s^2，它们彼此不同，但是它们与共同亲代A之间的差异更大。

我们可以按照相同的步骤，将这一过程无限地延续下去。有一些变种，经过了1000个世代，只产生一个变种，所以可以推测出由共同亲代A变异产生的变种，通常能够持续增加它们的数量，同时性状也会继续出现分歧。

•在图中，这个过程仅表示到第一万代，再往后则压缩或简化，由虚线简略地表示到了第一万四千代。

有一点我必须指出，变异过程进行得并非如图所示的那样规整（尽管图本身已反映出了一些不规则）、连续。事实上，很有可能在一个很长的时期内每一个类型都保持不变，而后才发生变异。我并不能确定，变异最大的变种必然会保存下来。一个中间类型也有可能持续很长一段时间，也有可能产生一个以上变异了的后代，当然也有可能产生不了。这是因为自然选择通常按照自然体系中没有被其他生物占领或未被完全占据的位置的性质而发生作用，而且又是按照某种极其复杂的关系来最终决定物种的生存与毁灭。

可是，一般的规律表明，任何一个物种后代在构造上越能产生分歧，它们所占领的地方越多，它们的变异后代的数量越会增多。

•图中，系统每隔一定的距离，就规则地被小写字母间断，这表示此类型发生了充分的变异，可以作为变种的标记。但这种间断是想象出来的，实际上，只要间隔的时间长度足够，就可以使得变异大量积累。

•图中，从物种A延伸出来的若干虚线表示，从一个常见、分布广并从属于一个大属的物种产生出来的所有变异后代。

一般情况下，这些变异后代都会继承亲代的优点，所以它们的数量会进一步增多，而且还会增加性状变异的可能。

而图上几条较低的、没有达到上面横线的分支表示早期的、改进较少的后代，它们已被较晚产生的、更为先进的后代所替代，从而遭到毁灭。在某些情况下，变异过程仅限于一条支线，尽管分歧变异在量上扩大了，但变异后代个体数量并未增多（如果只把图表中a^{1}到a^{10}的支线留下，而去掉其他由A发出的各条虚线，就能够表示上述情况。）。英国的赛跑马和向导犬的情况就类似于此，它们的性状慢慢地改进了，但没有新品种的增加。

假设3 经过1万个世代以后，由物种A产生a^{10}、f^{10}和m^{10}3个类型。由于经过历代性状分歧，所以它们之间以及和祖代A种之间的差异一定很大，不过这些差异也许并不相等。

假设4 图上每两条横线之间的变异量非常细小，那a^{10}、f^{10}、m^{10}这3个类型可能只是非常显著的变种。但如果我们假定变异过程在步骤上较多或在量上较大，那么这3个类型就能变成可疑的物种，进而成为明确的物种。

因此，此图把区别变种的较小差异是如何上升到区别物种的较大差异的各个步骤，清楚地表现出来。如果之后更多世代（如压缩和简化的图所示）以同一方式继续进化下去，A便会衍生出来8个物种，如图分别用小写字母a^{14}至m^{14}来表示。我相信物种就是这样增多的，而属也是这样逐渐形成的。

在大属中，可能发生变异的物种不止一个。

假设5 物种I经过1万个世代后，以相似的步骤，产生两个显著的变种或物种w^{10}和z^{10}。

那么，它们到底是变种还是物种，我们还要依据横线间假定的变化量来决定。

假设6 1.4万个世代之后，I产生了6个新物种（从n^{14}至z^{14}）。在任何一个属里，彼此之间性状已十分不同的物种在自然组成中拥有最好的生存机会，去占据新的且广泛的不同位置，从而（通常会）产生出最大数量的变异了的后代。所以，在图中，我选取了极端物种A与接近极端物种的I，作为变异最大的并已经产生新变种和新物种的原始种。而图里那些不等长的向上的虚线则表示，同属内的另外9个物种（图中用大写字母表示），在长度不等的时间内，继续繁育它们无变化的后代。

另外，图中还显示出，变异过程的另一个重要组成——灭绝。灭绝发挥着重要作用，因为每一个充满生物的地方，自然选择一定会去选取在生存斗争中获得优势的类型。任何一个物种的改进了的后代，经常在繁衍发育的各个阶段，逐步取代和消灭它们的前辈或原始祖先。我们知道**最激烈的生存斗争，一般发生在习性、体质与构造方面最相近的类型之间。**所以，那些处于变异早期和晚期的中间类型，也就是处于改进较少和改进较多之间的类型，还有原始祖先，都有可能逐渐趋于灭绝，甚至生物系统中整个旁支的所有类型，都被后来的改进类型排除了。但是，如果变异的后代迁到其他地区，并迅速适应了新环境，那么后代与祖代之间基本上就不存在生存斗争了，两者便都有继续生存下去的可能。

假设7 图中的变异量非常大，那么物种A和所有早期的变种便都会灭亡，取而代之的是从物种A演化而来的8个新物种（图中a^{14}至m^{14}）和从物种I演化而来的6个新物种（n^{14}至z^{14}）。

我们还可以再进一步探讨，假设同一属中各物种的原始种之间，相似程度并不相同——自然界中的情况经常如此，那么物种A与B、C、D的关系，比A与其他物种的关系更近；物种I与G、H、K、L的关系，比其他物种的关系密切得多。

假设8 A和I是两个非常普通且分布范围十分广泛的物种，那么它们本身就比同属中的大部分物种更有优势。它们的后代，如图所展示的那样，在经历了1.4万个世代之后产生了14个新物种。在这个过程中，这些新物种继承了祖先的部分优点，并且以各种不同的方式在系统的每个阶段，进行变异和改进，从而适应了这个地区自然体系中的许多新环境。它们不仅很有可能取代和消灭了亲种，而且还有可能消灭了与它们祖先近缘的那些原始种。

因此，只有极少数原始物种能够传世1.4万代。与9种原始种关系最远的两个物种，如图所示E和F，我们可以先假设只有一个物种F，能够将它的后代一直延续到最后阶段。

图中有11个原始种在繁衍，到最后形成新物种15个。由于自然选择造成分歧的倾向，新种中两个极端物种a^{14}与z^{14}间的差异量，比11个原始种之间的最大差异量还要大得多。此外，新种间的亲缘关系的远近程度不大相同。由A传下来的8个后代中，a^{14}、q^{14}、p^{14}三者亲缘关系比较近，因为它们是近期由a^{10}分出来的；b^{14}和f^{14}是较早时期由a^{5}分出来的，因而它们与前面3个物种有一定程度的差别；最后，o^{14}、i^{14}、m^{14}彼此之间有较近的亲缘关系，但因为在变异过程开始时就已存在分歧，因此它们与前面的5个物种有很大差别，它们可以成为一个亚属或者一个明确的属。

由I传下来的6个后代，可形成两个亚属或两个属。但因为原始种I与A本来就有很大差别。在原属中，I几乎处于另一个极端，所以仅仅从遗传的角度来看，I的6个后代与A的8个后代就会有相当大的区别。

假设9 这两组生物朝着不同的方向继续进行分歧。还有一点很重要，那就是连接原始种 A和I的中间种，除F以外，全部灭绝了，而且没有留下后代。这样，从I传下的6个新物种，和由A传下的8个新物种必然会被列为不同的属，甚至被列为不同的亚科。

因此我认为，两个或两个以上的属，是由同一属中两个或更多的物种，通过后代变异产生出来的。这两个或更多的亲种可以假定是从更早期的属中某一物种传衍下来的。我在图中用大写字母下方的虚线来表示上述情形，其向下收敛的分支集中于一点，这一点代表某一物种，那么该物种便是几个新亚属或几个属的共同祖先。

假设10 新物种F^{14}的性状值得我们注意。这一物种仍然保持F的形态，性状分歧不大，即使有改变也非常轻微，那么它与其他14个新物种之间就有了一种十分奇特而疏远的亲缘关系。由于它是从假定的现已灭亡且不为人知的A和I两个亲种之间的类型遗传下来的，那么它的性状在某种程度上可能介于这两个物种所遗传下来的两群后代之间。只不过这两群物种的性状已经与它们的亲种类型产生了分歧，因此新物种F^{14}并不介于各新物种之间，而是介于两群的亲种类型之间。这种情况大概每个博物学者都能预料到。

如果这张图中的每条横线都代表1000个世代，那么它们也可以代表100万个世代或更多世代，即代表含有灭绝生物遗骸的连续地层的一部分。这时这张图就可以说明已灭绝物种的亲缘关系。虽然这些灭绝的物种与如今生存的物种属于同目、同科或同属，然而在性状上它们常常表现为介于如今生存的各物种间的中间类型。这种情况是可以理解的，因为那些已灭绝的物种曾生存在各个不同的遥远时代，当时生物系统的分歧还很少。

上面所阐述的变异过程，不应仅限于用来解释属的形成。如果我们假设图里分歧虚线上各个连续的群所代表的变异量是非常大的，那么a^{14}到p^{14}，b^{14}与f^{14}，o^{14}到m^{14}的类型，将形成3个极明显的属。假定物种I传下来两个很不相同的后代，它们与A的后代差别极大，假如将A和I这两个原始种传下来的2组后代划分为两个不同的科或不同的目，那么可以说，这两个新科或新目，是从同属的两个物种变异而来的，而那两个物种，又是从某些更古老的且不为人知的类型变异而来。

大群之间的生存斗争更为激烈

我们已经知道，各个地区的较大属内的物种最容易产生变种，换句话说就是最容易成为初期物种。这是能够被预料的，因为**自然选择是通过一种类型在生存斗争中比其他类型更具优势而起作用的。**

然而，一个群能成为大群，必定是由于它们的物种继承了某些共同祖先的共同优点，所以在努力增加个体数量的大群之间往往会发生生存斗争，即一个大群战胜另一个大群，通过后者减少数量来减弱其继续变异和改进的机会，最终使其消亡。

在同一个大群里，后来的、比较完善的亚群，常常从自然组成中分出来，并不断占据许多新的位置，它们总是带有一种不断排挤和消灭较早的、改进较少的亚群的倾向，最终使那些较小的、衰弱的群或亚群灭亡。

由此可见，现在获得胜利的大群，因极少受灭顶之灾，所以会在未来一段时期内保持个体数量的持续增加。但是，最后的胜利属于谁，却是很难预料的。因为据我所知，许多从前曾极发达的群，现在都已经灭绝了。

在更长远的未来，那些大的生物群将会持续、稳定地增加数量，最终导致许多小的生物群灭绝，使其不会留下变异后代。因此，在任何时期内，仅有极少数物种能把后代一直传到遥远的未来。从另一个角度来讲，只有极少数较古老的物种能延续到今日。这样我们就可以解释，为什么在动植物界很少会有同一物种的所有后代能够形成一个纲。虽然只是极少数远古的物种传下了变异后代，但可以想象，远古的地质时期有着很多属、科、目及纲的物种广泛分布在地球上，繁盛程度和今天一样。

生物体制进化可达到的程度

体制进化

自然选择的作用在于专门积累生物在各种有机和无机生活条件影响下，产生的各种对自身存活有利的变异。**自然选择的最终作用，是使生物和外界条件之间的关系得到完善，进而导致各种生物的体制完全进化**。然而，什么叫体制进化呢？

这是一个极为复杂的问题，博物学家对此还没有给出满意的说法。脊椎动物的智慧程度和躯体构造与人类非常接近，它们的进化是显而易见的。从胚胎发育到成体过程中，我们可以将各身体部位和器官所经历的变

脊椎动物　指脊索动物门下的脊椎动物亚门。该类动物的脊索（背部起支持轴作用的一条棒状结构）只在胚胎发育阶段出现，随后脊索或多或少地会被分节的骨质脊柱代替，并且脑和各种感觉器官在前端集中，形成明显的头部，故又称有头类。本亚门具体包括圆口纲、鱼纲、两栖纲、爬行纲、鸟纲和哺乳纲。

鲨鱼：隶属于脊索动物门、鱼纲中的软骨鱼类下的板鳃亚纲、鲨形总目。软骨鱼类的内骨骼全为软骨，体被盾鳞（由菱形基板和附生在其上的鳞棘组成，构造与牙齿相似，鳞棘中含有血管和神经），鳃间隔发达，鳃孔5～7对，没有鳔，生殖腺与生殖导管不直接相连，营体内受精。

化量的大小作为物种间进化程度的比较标准。但有些时候，在进行这类比较时会发现，有些物种成体的躯体构造的进化程度并不如幼体的高等。比如，一些寄生的甲壳动物，在变成成体以后，其身体的某些部分反而变得不完整了。物种分类学中应用得最好且最多的标准，要数**冯·贝尔先生所提出的标准，即把同一生物（这里指其成体状态）的各个部分的分化量（包含以提高智慧为目的而产生的脑进化）作为标准之一**。另外，还有米尔恩·爱德华所说的生理分工的完全程度，即**物种不同技能的专业化程度**。

如果我们观察一下鱼类，就能明白将它们按上述来分类有多么困难。比如，鲨鱼——这个最接近两栖类的鱼类，被一些博物学者视为最高等的鱼

类物种；而有些博物学者却认为最高等的鱼类动物应该是硬骨鱼类，因为

硬骨鱼类：鱼纲中的另一大类，其特点是骨骼大多由硬骨组成，体被骨鳞或硬鳞（部分鱼类有退化现象），鳃间隔退化，鳃腔外有骨质鳃盖骨，头的后缘每侧有一外鳃孔，通常有鳔，生殖腺外膜延伸成生殖导管，使二者直接相连，营体外受精。

它们保持着最典型的鱼的性状，但却与其他脊椎动物最不像。

在植物方面，这个问题也很难弄清楚。当然，智慧这一标准在植物中根本用不上。花的每一个器官，如萼片、花瓣、雌蕊、雄蕊等，发育完全的植物被有些植物学者认为是最高等的；同时，还有学者认为最高等的是那些花的器官中有几个发生了极大变异且数目较少的植物，我觉得这种观点似乎更加合理。

如果我们把成年生物体器官的分化和专门化当作高级体制的标准，自然选择明显会支持这个标准，因为生物学家指出器官的专业化有利于生物生存。**之所以说是在自然选择的范围之内以器官专业化为方向进行变异的积累，是因为专业化能更好地促进机能的执行。**

另外，我们要牢记，所有生物都努力地进行高速率的数目增长，并在自然组成中争取未被占领或未被完全占领的位置。所以，在自然选择的作用下，生物的一些器官很可能逐渐成为多余或无用的。如此一来，物种的体制等级就会发生后退的现象。

体制进化如何发生作用

不过，我们也会听到反对意见：

——如果所有生物都在等级上不断提高，那这个世界上为什么还会有许多最低等生物类型的存在呢？

——在每个大的纲中，为什么某些生物类型比另一些更为发达？

——较低等类型为何没有被更发达的类型所取代或消灭呢?

——拉马克先生坚信所有生物的内在体制都必然趋向于完善，所以他觉得这个问题十分难解，于是他假设新的且简单的生物类型在不断自发地产生出来。

目前这种想法的正确性还没有得到证实，将来能否证实也未可知。而依据我的理论，低等生物的继续存在并不难解释，因为自然选择仅指最适者生存，并不包括持续发展的意思，其只对生物在复杂生活关系中有利的变异起作用。

那么，人们肯定会产生这样的疑问：对于一种浸液小虫，或对于一种肠寄生虫，甚至对于一种蚯蚓来说，高等构造究竟有什么**好处**呢?

如果没有任何好处，这些类型就不会通过自然选择有所改进，或几乎很少改进，那么这种低等的状态可能会无限期保持下去。地质学明确地阐明，有些最低等类型，如浸液小虫和根足虫在相当长的时间内，将旧有的

根足虫　隶属于原生动物门的一类动物，是动物界里最原始、最低等的动物。其身体由单个细胞构成，因此也称单细胞动物。单细胞动物与高等动物的一个细胞有着很大区别，它们虽然只由一个细胞构成，但同样可以运动、消化、呼吸、排泄、感应和生殖等，这也是它们与植物的最大区别。

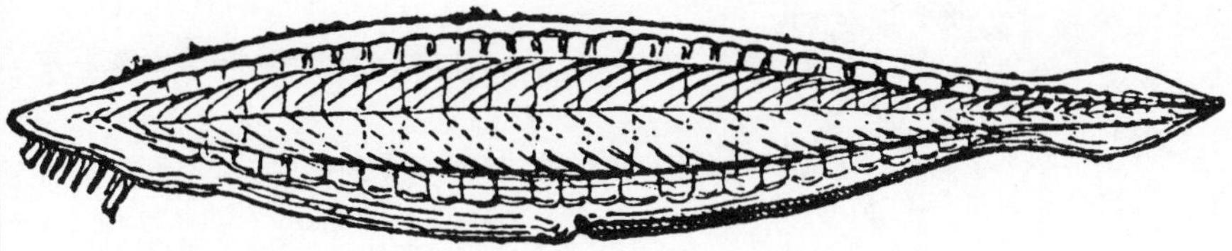

文昌鱼　隶属于脊索动物门，头索动物亚门，头索纲，与鱼纲（脊椎动物亚门）并不属于同一个亚门。文昌鱼是一类终生具有发达脊索而没有脊柱的无头鱼形动物，属于无头类的一种。其皮肤薄而半透明，因外形像小鱼，体侧扁，故而得名。

状态保持到现在。但是，我们如果认为现存的低等类型自有生命以来，就没有发生过丝毫的改变，那又太过轻率了。因为凡是解剖过最低等生物的博物学者，一定都会被它们奇异而美妙的体制所震撼。

这个观点同样也可以解释，为什么同一个大群生物中，会有不同等级的生物存在。例如，哺乳动物和鱼类都属于脊椎动物；人类和鸭嘴兽都属于哺乳动物；鲨鱼和文昌鱼都属于鱼类，而文昌鱼的构造非常简单，与无脊椎动物十分接近。

哺乳动物和鱼类互相之间几乎没有竞争，所以哺乳动物全纲或其中的某些生物即使进化到最高级时，也不会取代鱼类。生理学家认为，血液必须流经大脑才能使其高度活跃，所以呼吸是必不可少的。栖息于水中的温血哺乳动物，需要经常浮出水面进行呼吸，这对它们来说是十分不方便的。至于鱼类，同样不会有文昌鱼被鲨鱼替代的可能。

我曾听弗里茨·米勒说过，在巴西南部较荒芜的沙岸边，有一种奇异现在分类学将哺乳纲又分成3个亚纲：原兽亚纲（鸭嘴兽等）、后兽亚纲（有袋类）和真兽亚纲（贫齿目和啮齿目）。其中原兽亚纲的动物是哺乳类中最原始的类群，其次是后兽亚纲，而真兽亚纲是最高级的，因为真兽亚纲中的动物都有胎盘，而前两类不但没有胎盘，而且还具有一些原始性状。

贫齿类：该类中大部分动物属于南美洲的固有类型，只在遥远的第三纪初期部分分布于其他地区。贫齿目是最原始的有胎盘哺乳动物之一，在进化的早期就和其他有胎盘类哺乳动物分道扬镳。这类原始的动物至今仍在美洲顽强地生活着，现有常见类型为食蚁兽、树懒、犰狳等。

的环虫，它是文昌鱼的唯一伙伴和竞争对手。哺乳类中最低等的3个目，也就是有袋类、贫齿类与啮齿类，它们和许多猴子在南美洲某个地方能够共存，彼此之间似乎极少有冲突。

总之，整个世界所有生物的体制可能都有过进化，而且这种进化还在继续进行，但在结构等级上的完善程度永远会呈现出各种不同。这是因为某些纲或纲中的某些成员的较高程度的进化，根本没有必要使那些和它们没有密切竞争关系的生物类群全部灭绝。我们还会看到，某些情况下，在有限的或特殊的区域内，一些体制低等的生物在其生活区域内没有激烈的生存斗争，而且个体数量稀少使得发生有利变异的机会被抑制了，所以它们被保存至今。

综上所述，我认为是多种原因导致了很多低等体制的生物仍存活至今。在某些情况下，个体差异或有利变异从未发生过，因此自然选择不能发挥作用来积累变异。或许在所有情形中，物种都没有足够的时间去达到最大可能的发展量。在某些少数情形中，体制还出现了退化，这主要是因为高等体制在极其简单的生活条件下，没有用处甚至还有害处，毕竟体制越精巧，就越不容易被调节，也就更容易遭到损坏。

生命初期的情况

接下来，我们再看看生命初期的情况吧！所有生物的构造在生命初期都是极其简单的。

肯定有人会问：身体各构造的进步或分化的第一步到底是如何发生的呢？斯宾塞先生也许会这样回答：简单的单细胞生物一旦经过生长或分裂变化为一个多细胞的集合体，或者依附于某个支撑体的表面，这时任何等级相似的单位，依照它们和自然力相互作用，都会按一定的比例发生变化。

但是，在这一问题上，我们并没有找到事实依据，目前只能做一些假想。

另一个观点认为，如果地球上不存在这么多的类型，就不会有生存竞争和自然选择。这种观点肯定是错误的，因为一个单独物种即使生长在隔离地区，它也有可能发生有利变异，从而使整个群体发生变化，甚至还有可能产生两个不同的类型。

正如我一直强调的：

如果我们承认自己对于现今存在于世界上的生物之间的关系知道得很少，尤其是对过去生物的了解更少，那么对于物种起源方面仍旧还无法解释清楚的一些问题，我们就不会感到奇怪了。

性状趋同

为什么会发生性状趋同

虽然沃森先生也相信性状趋异的作用，但是他认为我对其重要性估计得过高了。同时，他也肯定了性状趋同可以发挥一定的作用。假设不属于同属却是近属的两个物种，都产生了很多非常接近的分歧新类型，那么这些新产生的后代就有可能合并成同一个属了。但是，在大多数情况下，只因为构造上的类似，就将完全不同类型的后代看作性状趋同，未免太过草率。

结晶体的形状，完全是由分子的结合方式决定的，所以对于不同物质有时呈现出相同的形状，就不应感到奇怪了。而对生物而言，每一个类型都是由复杂的关系来决定构造性状，也就是由已经发生的变异来决定，不过变异的复杂原因还不清楚。

那些被保留、被选择的变异性质也起到一定的决定作用，而变异性质取决于周围的自然环境，更重要的是与本物种进行生存斗争的周围生物在很大程度上发挥了很大的作用。最终，决定因素还要归结于一代代的祖先遗传，遗传本身就是一种变动的因素，所有祖先类型都是由同样复杂的关系确定下来的。

因此，人们很难相信，之前根本完全不同的两种生物，其后代逐渐趋于类似，最终在整体构造上几乎变得一致。如果这种事情确实发生过，那么在相隔较远的地层中应该能找到没有遗传关系的相同类型，但实际考察得来的证据却表明事实并非如此。

性状趋同的作用

我认为，在自然选择的连续作用下，结合性状分歧，能使物种无穷尽地增加。

而对于我这个观点，沃森先生曾提出过反对意见。如果只就无机条件来说，大多数物种都能很快适应各种不同的温度、湿度等条件，所以生物之间的相互关系比无机条件更为重要。

随着各个地区物种的不断增加，有机的生活条件就变得越来越复杂。从本质来讲，生物构造方面的有利变异量应该是无限的，因此能产生的物种数目应该也是无限的。但是，对于生物最繁盛的地区是否已经挤满了物种，我们也无从考证。就像好望角和澳大利亚，这两个地方拥有的物种数量十分惊人，但是很多欧洲植物却仍能适应那些地方。

另外，地质学家给我展示的事实是，从第三纪早期以来，贝类的物种数量并没有大量增加，而从第三纪中期开始，哺乳类的数量也没有大量增加或根本没有增加。

那么，是什么因素抑制了物种数量的无限增长呢？一个地区能容纳的生物个体数量（并非物种的类型数量）是有限的，这与当地的自然条件有极大的关系。因此，如果某一区域内生活着非常多的物种，那么就意味着每一个物种的个体数会很少。当敌害数量增加或是季节气候恶化时，这样的物种很容易灭绝，而且灭绝的过程很快，但新物种的产生却是很缓慢的。

我们可以假设这样一种极端情况：

在英国，如果物种的数量与生物个体数量一样多，那么在某个寒冷的冬季或极干燥的夏季，成千上万的物种就会灭绝。

在任何一个地方，如果物种数量无限制地增加，各个物种就会成为稀少物种。之前，我们已经讨论过，稀少物种产生的变异少，因此产生新物种的机会也就少了。而且，一旦物种变为稀少物种，那么近亲交配就会加速它的灭绝。

很多研究者认为，可以用这个观点来解释立陶宛的野牛、苏格兰的赤鹿、挪威的熊等物种衰亡的原因。

最后，我认为优势物种也是抑制新物种产生的一个极为重要的因素。优势物种可以在本土打败很多竞争者，能够慢慢散布开去，并逐渐取代其他物种在自然系统中的位置。康多尔曾指出，那些分布范围广的物种，通常可以散布得更广，它们会在一些地区排挤甚至灭绝一些物种，这就抑制了世界上物种类型的大量增加。最近胡克博士也指出，来自世界各地的大量物种侵入了澳大利亚的东南部，所以在这片区域，本地原有物种的种类大量减少。

目前，将这些论述归纳起来可以看出，无论在什么地区，上述因素对物种的无限增加发挥着限制作用。

自然选择会发挥哪些作用

我们可以看出，每一个纲的大属中，那些普通、分散广且范围大的物种间的差异很大，即它们都产生了较大的变异，而且它们能把使其在本土成为优势种的长处遗传给后代，让后代也具备这种变异。正像前面说的，自然选择会导致性状分歧，还可使改进较少的或中间类型的生物大规模走向毁灭。

依据这些原理，我们就可以解释，世界上各纲中的物种间的亲缘关系，还有那些普遍存在的明显的差异是怎么形成的。

不过，令我感到奇妙的是，只要处于同一个时空内的动物和植物，就可以形成一个小型生态圈，并且这些生态圈之间还有一定的关联。

其中，同种的各个变种间的关系最为密切，而同属的物种间关系一般比较疏远并且关系远近不均等，这使它们又可以被划分成亚属；异属物种间的关系更为疏远一些，各属之间的关系亲疏又不等，于是它们又被划分成亚科、科、目、亚纲及纲。上述情况随处可见，以至于很多时候我们并没有对此产生兴趣。

任何纲中的若干次级类群，虽不能列入单一行列中，但它们都环绕着某些点，而这些点又环绕着其他的点，如此一环绕一环，最终就形成了无穷的环状，并将同一纲中的物种松散地连接在一起。

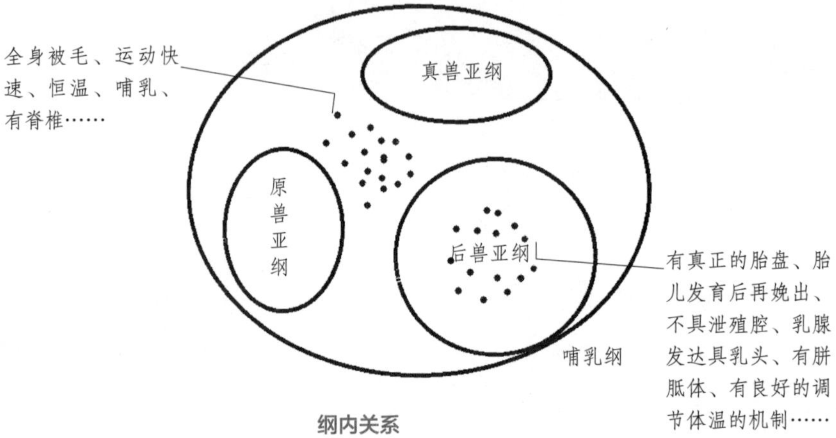

纲内关系

如果每个物种都是单独由神创造出来的，就不能解释这种彼此间的松散联系了。可是，按照遗传证据的显示以及引起灭绝和性状分歧的自然选择的复杂作用，上述所展现的进化形式则可以很好地解释物种的起源。

同一纲中所有生物的亲缘关系，可以用一棵大树来表示，我认为这种比喻基本上能反映真实的情况。

- 绿色的、生芽的小枝，代表现存的物种。
- 以往年代生长出的枝条，代表那些长期的、连续的或已经灭绝的物种。
- 在每个生长阶段中，所有正在生长的小枝都努力朝着各个方向进行分枝，并且还试图将周围的新枝条遮盖或毁灭。

系统树

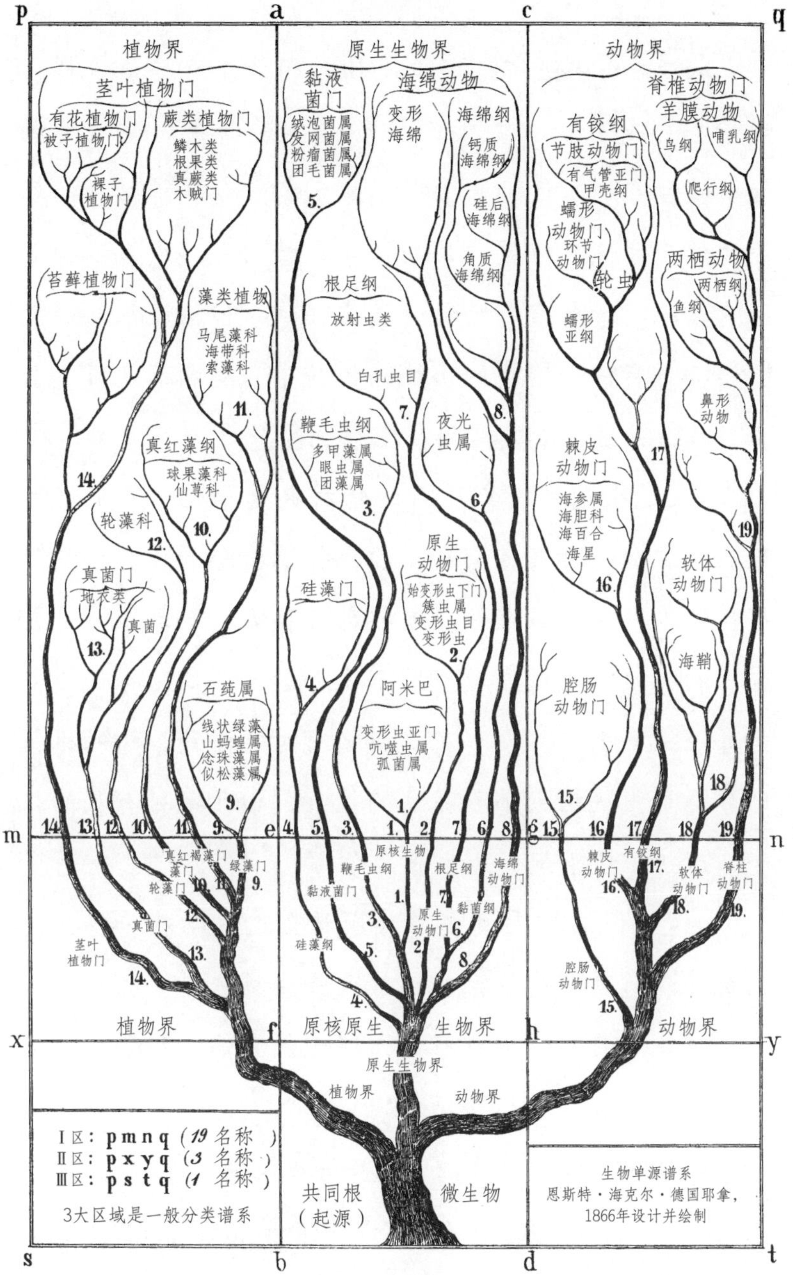

此图为恩斯特·海克尔（1834～1919）所绘。海克尔是德国博物学家，达尔文理论在德国的传播人。本图由于绘制年代较早，所以上面的分类有些与现在不同。

●这就像在任何时期中，物种间的生存斗争一样。主干首先是分出一些大的枝条，再逐渐分为越来越细的小枝。在树木还没长大时，它们都曾是一株细小的幼芽，然后才逐渐分枝，用新芽来代替旧芽，这可以代表所有灭绝物种与现存物种的进化关系。当树还很矮小的时候，会有许多繁茂的小枝，但其中只有两三支可以长为大枝，并负荷着其他枝条生存至今。

●在远古地质时期生存的物种也是如此，它们当中只有极少数能够产生有利变异，并遗传给后代。从树开始生长以来，很多巨枝与大枝已经枯萎、脱落了，这些脱落的树枝可以代表没有留下生存后代而仅留存化石作为考证的整个目、科和属。我们有时能看到，树的根基部分会生出一根细小且孤立的枝条，由于某种有利的机会，这一小枝条茂盛地生长至今。

●这就像我们看到鸭嘴兽或肺鱼这种动物一样，它们既可以通过亲缘关系去连接两条生物分类大枝，又因为生活地点对它们十分有利，所以使它们在残酷生存竞争中存活下来。

●大树不断地生长和发育，旧芽上又生出新芽，如果是强健的新芽，就会分出枝条遮盖四周许多比较较弱的枝条。

因此，我相信“生命之树”在其传代中也是如此，它用枯落的枝条填充着地壳，用自己不断生长的新鲜枝条去覆盖大地。

Chapter 5

变异法则

变异法则

环境与变异

过去，我曾认为变异是偶然发生的，因为家养状态下动植物变异虽然十分普遍而且多样，但是在自然条件下，动植物的变异程度却十分轻微。我的这种看法确实是错误的，不过这也说明我们对引发变异的原因认识得还很少。

一些博物学家认为，既然生殖系统的机制使子代继承了双亲的特制，那么它应该也能造成两代之间的个体差异和轻微变异。不过，由于家养状态下的物种更容易发生变异和畸形，而且广泛分布的物种比小范围分布的物种更容易变异，由此我们可以得出，一般情况下，变异的概率与生活环境有着密切的关系，并且物种已在自身生活环境中生存好几个世代了。

我说过，改变了的生活环境是通过两种方式作用于物种的：

直接作用可以导致确定的或不确定的结果，而在间接作用中，生物机体具备了一种可以塑造的能力，并且我们也见到了一些模糊、不确定的变异性。直接作用产生的结果，是由于生物的本质导致的，即在一定的环境条件下，生物容易屈服于环境的改变，从而使整个物种群朝着一定的方向进行变异。

变异的定向性

要判断环境因素的变化，如气候、食物等，在一定情况下发挥了多少作用，是非常困难的。我们有理由相信，随着时间的流逝，环境的作用效果远远超出了我们能观察到的明显事实所证明的部分。

古尔德先生相信：同种鸟类，生活在内陆明朗空气中的，比生活在海边或海岛上的，颜色艳丽得多。

另外，我也有把握断言，在自然界中，各种生物之间所表现出来的无数构造上复杂的互相适应性，绝对不能仅归因于环境的作用。下面所举的几个例子可以说明，环境条件对变异产生了一些微小的作用。

- **福尔斯认为：** 除了个别例外，生长在南方浅水的贝类，一般比生活在北方或生活在深水的同类贝类，颜色更鲜艳。
- **沃拉斯顿认为：** 海边的环境会影响昆虫的颜色。
- **摩坤·丹顿曾列出一张植物表来证明：** 生长在近海岸的植物的叶在一定程度上肉质肥厚，而生长于别处的同一植物则不是这样。

这种现象十分有趣，因为生活在相同外界环境下的同一物种的不同个体，常常具备相似的特征，即它们变异的定向性。

自然选择的累积作用

无论是哪种生物，如果一种变异对其产生的作用极为微小，那么我们很难确定，这种变异中有多少可以归于自然选择的累积作用，又有多少可以归于生活环境的影响。比如，同种动物生活得越靠北方，它们的皮毛当然是越厚越好。有谁能够说清，这种皮毛上的差异，有多少是因为寒冷的气候影响，又有多少是因为自然选择作用，即皮毛增厚温暖个体在世代相传中获得利益，从而被保存、被积累？不过很明显，气候对于家养兽类的皮毛有直接影响。

许多例子表明，生活在不同环境条件下的同一物种，能产生类似的变种；而当同一物种生活在相同的环境条件中时，却产生了不相似的变种。此外，还有一些物种虽然生活在差别极大的气候条件下，但仍能保持纯种，甚至根本不发生变异。每个博物学者对这些大量事例都很熟悉，而这些事实使我意识到，**周围环境条件对变异的直接作用，比那些我们完全不知道的能引发变异的原因，重要性要小得多。**

北极狐的皮毛要比其他狐类厚。

从某种意义上说，生活环境不仅可以直接或间接引起变异，而且还能将自然选择包含其中，因为生活环境能决定哪一个变种可以存活下去。但是，若人类是选择的执行者时，我们就能明显地看出，上述两种变化要素的区别非常大。先有某种变异发生，然后人类再根据意愿将其变异朝着一定方向积累，而后面的那个作用相当于自然状况下最适者生存的作用。

受自然选择控制的器官使用频繁和不使用的效果

鸟类的翅膀

事实表明，家养动物部分器官会因为经常使用而被增大、加强，也有一些器官因不使用而缩小、退化。我觉得这是丝毫不用怀疑的。而且，这些变化还可以遗传给后代。

但是，在不受限制的自然状态下，由于我们并不知道动物祖先的体型，所以就没有一个确切的标准来判断长期连续使用或不使用的效果。然而，许多动物所拥有的构造也还是可以用不使用的效果来做解释的。

例如，像欧文教授所讲的那样，自然界中，没有比鸟类不能飞翔更为异常的现象了。不过，确实有几种鸟不能飞，南美洲大头鸭的翅膀几乎与家养的艾尔斯伯里鸭的一样，只能在水面上拍动翅膀。值得我们注意的是，坎宁安先生曾说，这种鸭的幼鸟是会飞的，长大后才失去了飞翔的能力。因为这些在地面觅食的大型鸟类，除了逃避危险外，很少使用翅膀。

现今或近代，那些生长在没有食肉猛兽的海岛上的几种鸟，翅膀基本都不发达，这估计是长期不使用而造成的退化。

再比如生活在大陆上的鸵鸟：

鸵鸟不能用飞翔来逃避危险，但却可以像许多四足兽那样，用脚踢它的敌人，从而有效地保护自己。我们能够确信，鸵鸟祖先的习性与雏雁相似，但随着大小和重量在连续世代中的逐渐增加，它慢慢习惯了使用腿，而翅膀却越来越少使用，导致其最终丧失了飞翔的能力。

蜣螂的前足跗节

科尔比曾经说过（我也曾见过同样的情形），许多雄性食粪蜣螂的前足跗节经常会断掉。他对采集到的16个标本加以仔细观察，发现这些跗节断口

跗节：昆虫的跗节常由 1～5个亚节组成，各亚节间以膜相连，可以活动。

蜣螂　隶属于节肢动物门，昆虫纲，鞘翅目。世界上约有2300种蜣螂，分布除南极洲以外的所有大陆上。食粪蜣螂能将粪便滚动成球状，推行向前，并以动物粪便为食，有“自然界清道夫”的称号。

竟然没有一个留有痕迹。

有一种蜣螂，其前足跗节通常断掉，以至于这类昆虫在很多著作中被描述成不具有跗节。某些其他属的个体，虽然拥有跗节，但是发育不良，仅处于残留状态而已。

被埃及人视为神圣化身的甲虫蜣螂，也不具有完整的跗节。

目前还无法确定，偶然的肢体残缺能否遗传。因此，对于蜣螂前足跗节的完全缺失或其他属表现的发育不良，并不能将其看作肢体残缺造成的遗传，而应将其归因于长期不使用而退化的结果。因为许多食粪类蜣螂在生命早期一般都会失去跗节，所以跗节对它们而言应该是一种不重要的或很少使用的器官。

甲虫的翅膀

但在某些情况下，我们容易把那些全部或部分由于自然选择引起的构造差异，误认为是不常使用造成的。沃拉斯顿先生曾提出一个非常值得我们重视的案例，生存在马德拉群岛的550种（如今知道得更多）甲虫中，有200种因翅膀残缺而无法飞翔；在29个本土属中，至少有23个属的全部甲虫都是这样的情况。

世界上许多地方的甲虫，经常会被风吹入海中丧失生命。而马德拉群岛的甲虫，据沃拉斯顿观察，它们平日里隐蔽得非常好，只有在风平浪静的时候才会出现。而在毫无遮拦的德塞塔群岛，无翅

德塞塔群岛：马德拉群岛的一部分。该群岛大部分土壤贫瘠，是海鸟和僧海豹的栖息地。

昆虫的数目比马德拉群岛上的还要多。此外，沃拉斯顿还注意到一种异常的现象：那些在其他地方非常常见的、必须飞翔的大群甲虫，在马德拉群岛几乎很难找到。

根据上述事实，我确信导致马德拉群岛大部分甲虫不能飞的原因，主要是自然选择作用以及翅膀长期不使用造成的。在很多连续世代里，有些昆虫个体因为翅膀发育不完全，也有可能因为极少使用翅膀，导致飞翔次数减少，因此避免了被风吹入大海，从而获得了较好的生存机会。相反，那些喜爱飞翔的昆虫个体，则经常被风吹到大海里，导致毁灭。

鞘翅目和磷翅目昆虫

在马德拉群岛，还有一些昆虫不在地面上觅食，比如在花朵中取食的鞘翅目和鳞翅目昆虫。它们必须经常使用翅膀来获得食物。按照沃拉斯顿先生的猜想，这些昆虫的翅膀不仅没有缩小退化，反而会增大，更加发达。这是自然选择作用的结果。

当一种新的昆虫刚来到海岛上时，自然选择可使它们的翅膀增大或缩小，而翅膀的发育程度能够决定许多昆虫的命运。要么与海风斗争，要么少飞或不飞以求生存。打个比方，当船在近海岸的地方损坏时，擅长游泳的船员游上岸对存活更有利，而不擅长游泳的船员，攀住破船则更有可能获得生存的机会。

穴居动物的眼睛

鼹鼠和某些穴居的啮齿类动物的眼睛都极不发达，而且有些种类眼睛甚至完全被皮毛遮盖住了。这可能是因为不使用而逐渐退化的缘故。当然，其中应该也有自然选择的影响。

南美洲有一种叫作吐科吐科（又名栉鼠）的啮齿类穴居动物，它的穴居习性比鼹鼠还要强。一个经常捕捉吐科吐科的西班牙人说，它们的眼睛基本上都是瞎的。我也曾养过一只，它的眼睛的确是瞎的。

经过解剖检查发现，吐科吐科的眼盲是由瞬膜发炎造成的。眼睛经常发炎，对任何动物来说都是有害的，而在地下生活的动物，根本不需要眼

> 瞬膜　一种半透明的眼睑，又称第三眼睑，从眼内角上下眼睑内面的黏膜皱襞伸出，能向上方或斜向运动，可以遮住角膜，借以湿润眼球，却又不影响视线，有保护整个眼球的作用。部分动物具备，如脊椎动物中的无尾两栖类、爬行类和鸟类等。其中，鸟类在高空飞行时，可以借瞬膜防止风沙对眼球的伤害。哺乳动物的瞬膜退化或仅存痕迹，而人类只能靠眨眼来湿润眼球，因为人类的眼睛没有瞬膜，人类退化的瞬膜残存在眼内角。

睛。所以，这类动物的眼睛发生了有利变异，即形状慢慢缩小，上下眼睑粘连在一起，并且生长出了毛。如果上述推理正确的话，那么自然选择就对不使用的器官发生了作用。

生活在卡尔尼奥拉和肯塔基洞穴中的动物，分别属于不同的纲，但它们的眼睛都是瞎的。有些蟹已经丧失了双眼，但眼柄依然存在。这就像望远镜已经没有了透镜，镜架却依然存在。对于生活在黑暗中的动物，眼睛虽然没有什么用处，但也不会有什么害处，因此眼睛丧失的原因可归为不使用的结果。

卡尔尼奥拉：位于欧洲中南部，斯洛文尼亚境内。

肯塔基：位于美国中东部。

西利曼教授曾在距洞口半英里的地方（并非洞穴最深处），捕捉到两只洞鼠，它们的眼睛虽然大而有光，但却看不见。他说，当把洞鼠放在渐渐加强的光线下生活时，大约1个月的时间，它们就可以模糊地看见眼前的东西了。

美洲和欧洲穴居动物的亲像关系

很难想象，还有比相似气候条件下的石灰岩洞更相似的生存环境了。因此，根据以往的观点，盲眼动物是从美洲和欧洲的岩洞中分别创造出来的，所以这些动物的构造和亲缘关系十分相近。但如果我们对这两个地方洞穴内的动物群进行观察，就会发现事实并非如此。

仅就昆虫方面，希阿特曾说过：

马摩斯洞穴：位于美国肯塔基州。

我们不可以用纯粹的地方性来解释所有现象，马摩斯洞穴和卡尔尼奥拉洞穴，虽然具有少数相似的动物，那也只表明欧洲与北美洲的动物群之间存在一定的相似性罢了。

在我看来，我们应该假定，美洲动物在绝大多数情况下原本都拥有正常的视力，而其后代逐渐从其他地方迁入肯塔基洞穴越来越深的地方，就像欧洲动物慢慢移入欧洲的洞穴那样。我们有若干证据可以证明这种习性的渐变性。

希阿特所说

我们可以将地下生活的动物，看成受地理限制的邻近地方动物的一个小分支。一旦它们迁入黑暗中生活，就会逐渐适应周围的黑暗环境。最开始从光明转入黑暗的动物，与普通类型差别很小。此后，渐渐出现构造比较适应微光环境的类型，最后出现构造完全适合黑暗环境的类型。这些生物的形成是十分特殊的。

我们必须认识到希阿特的这些话，只适用于不同物种，不适用于同种生物。当动物经过很多世代，到达地下最深处时，它们的眼睛因为不使用，几乎全部退化，而我们知道自然选择往往能引起其他构造的变化来补偿失去的视觉器官，譬如，触角或触须增长。虽然有这样的变化，但我们依然能够看出美洲大陆动物与美洲穴居动物、欧洲大陆动物与欧洲穴居动物之间的亲缘关系。

达纳教授曾说 美洲某些穴居动物确实是这样，而欧洲洞穴中的昆虫也和周围的昆虫种类有着密切的关系。

如果用它们是被上天独立创造出来的观点来看，我们很难合理地解释为什么这些盲眼的穴居动物和其大陆上的其他动物之间有亲缘关系了。我们可以根据欧美两大陆上一般生物间的关系，推测这两大洲几种穴居动物的关系是十分密切的。

特别的物种

埋葬虫属里有一个盲眼的物种，其多数生活在离洞穴口很远的阴暗岩石下。这一属内的洞穴物种视觉的丧失，似乎与它们生活在黑暗环境无关。因为视觉器官的退化，它们只有在黑暗的洞穴里生活，才能更好地生存。

埋葬虫属：隶属于节肢动物门，昆虫纲，鞘翅目的一类昆虫。埋葬虫体长20毫米～25毫米，黑色，群栖鸟兽尸体旁，挖掘洞穴，使尸体陷入其中，并用泥土掩盖尸体，备做食物。

步行虫：隶属于节肢动物门，昆虫纲，鞘翅目，现存约有2万种。该物种的特点是腿长，有闪光的黑色或者褐色的翅鞘，但也有多种后面的翅膀已经退化或完全没有。大多数步行虫以对人类有害的昆虫为食，所以一般被认为是益虫。

另外，据默里先生观察，还有一种盲眼的步行虫，也具有这种显著的特征。该物种只生活在洞穴中，其他地方从没有见过它，但生存在欧洲和美洲洞穴的该物种就不眼盲。

也许，这些物种的祖先在视觉丧失之前，曾广泛分布于欧美两大洲。最后，除了那些隐居在洞穴中的以外，其他都已灭绝。

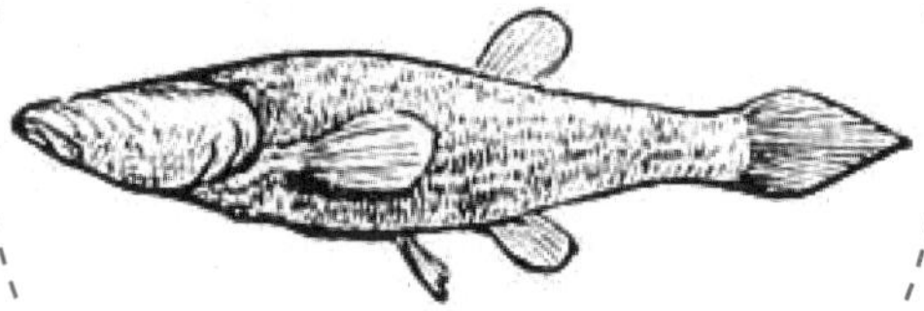

有些穴居动物非常特别，但并不足以让我们为之称奇，如阿加西斯捉到的盲鱼，还有欧洲的盲螈。我感到好奇的是，古代无眼生物的残骸保存得不多，也许是因为栖身于黑暗环境中的动物比较少，彼此之间的竞争不激烈。

适应性变异

气候驯化

植物的习性具有可遗传的性质，比如开花的时间、休眠的时间、种子发芽阶段所需要的雨量等，所以我要稍微谈一下“气候驯化”。

对于同属不同种的植物来说，有的生长在热带，有的生长在寒带，这本来是一种很常见的现象。假如某一属的所有物种，都是由一个亲种繁衍下来的，那么气候条件必定极易在生物长期的繁衍过程中发挥作用。

我们都知道，任何物种都能适应本土气候，但来自寒带或温带的物种，却不能适应热带气候，反之也是如此。同样，很多肉质植物不能适应潮湿的气候。

我们可以从以下事实看出，人们通常过高地估计了一种生物对生活气候的适应性。一种新引进的植物，能否适应我们的气候，我们预先并不知道。还有那些从不同地区引进的动植物，能否在迁入地健康成长，我们也不了解。我们只知道，在自然状态下，因为物种与其他生物之间的竞争，所以在地理分布上受到了十分严格的限制。

这种生存斗争的作用与物种对特殊气候的适应非常相似，或者前者的作用更大一些。尽管生物对气候的适应程度很有限，但我们仍能找到证据来证明少数植物在一定程度上能适应不同的气候环境，即被“气候驯化”或产生适应性变异。

——胡克博士曾在喜马拉雅山不同高度，采集到同种的松树和杜鹃花属的种子，将它们栽培在英国，发现它们在新环境下也具有不同的抗寒能力。

——思韦茨先生曾对我说过，他在锡兰岛见过同样的事例。

锡兰岛：位于亚洲南部，接近赤道，终年如夏。

——华生先生曾将亚速尔群岛生长的欧洲植物带到了英国，也观察到类似的情况。

此外，我还可以列举出一些例子。而对于动物，我们同样也有若干确实的证据。由此我们能够得出，有史以来，**物种始终在最大限度地发展自己和扩展自己的分布范围**，它们曾从较暖的低纬度地区扩散到较冷的高纬度地区，同时也存在反向扩展的类型。

尽管在通常情况下，我们认为物种已经完全适应了它们本土的环境，但其实我们并不能确定这一点。同样，我们也不能确定它们迁移之后是否对新环境的气候特别驯化，相比原来它们是否可以更好地适应这个地方。

适应性在特殊情况下的作用

我们可以推断出，家养动物最早是由未开化人选择培养出来的。一方面是因为家养动物对人类来说有用；另一方面是因为它们在家养状态下也能生育，而不是因为它们可以被运送到很远的地方去。所以，家养动物具有共同的、优秀的能力，即不仅能抵抗完全不同的气候，而且还可以在那种气候下繁殖。

据此，我们可以论证，**如今生活在自然状态下的动物，大多数都可以抵抗差异极大的气候**。不过，我们不能将这个论题推导得太远，因为家养动物可能起源于几个野生祖先，而不是一个。例如，家犬当中也许已经混合着热带狼和寒带狼的血统了。鼠和鼹鼠并不是家养动物，但人类环游世界时也将它们带到了世界各地。现在，它们的分布范围已远远超过任何其他啮齿类动物。鼠和鼹鼠既能在北方寒冷的法罗群岛生活，又能在南方温暖甚至炎热的岛屿上生活。

大多数动物对于特殊气候的适应，是因为它们天生就具备适应各种气候的能力。基于这个论断，人类和家养动物都具有对各种不同气候环境的容忍能力。

还有已灭绝的一类象和犀牛，曾经可以忍受冰河期的气候，而现存的种类却能够很好地适应热带、亚热带的气候环境。这些表现不应被当作异常现象来看待，而是应被看作普通生物本身的适应性在特殊情况下发挥作用的例子而已。

习性的影响

Q：物种对特殊气候的适应，有多少单纯取决于生活习性，又有多少取决于对具有不同构造的变种的选择作用，抑或是上述两者的共同作用？

A 这目前还是一个很难弄清的问题。按照类推的方法，以及许多农业著作甚至中国古代农业百科全书提出的忠告可知，将动物从一个地区运送到其他地区一定要十分小心。所以我确信，习性或习惯对生物生存有一定的影响。

中国古代农业百科全书：指《齐民要术》。

人类有时不能成功选择出特别适于其生存环境的品种或亚种，依我看，这一定是习性造成的。

而另一方面，自然选择肯定会倾向于保存那些生来就最能适应其生存环境的个体。有大量论述栽培植物的论文都记载，有些变种比其他变种更能适应某些气候。

比如，美国出版的有关果树的著作中就充分证实了这一观点，有些变种常被推荐在北方种植，而另一些则会被推荐到南方种植。因为这些变种大多都是起源于近代，它们体制上的差异并不能归因于习性。

菊芋：又名洋姜、鬼子姜，隶属于被子植物门，双子叶植物纲，菊目，菊科，是一种多年生草本植物。该种一般高1米～3米，有块状的地下茎及纤维状根。茎直立，有分枝，被白色短糙毛或刚毛。叶卵圆形或卵状椭圆形。花黄色，果实小，呈楔形。

在英国，菊芋从来不用种子来进行繁殖，所以它从没有产生过新的变种。这个例子曾用来证明物种对气候变化不发生适应性变异，因为菊芋到现在依然像以前一样娇嫩。还有菜豆也常被人们引证，所以具有较强的说服力。但实际上，如果有人要做菜豆气候适应的实验，应该提早播种菜豆，然后大部分菜豆会被寒霜冻死，接着从少数生存下来的植株上采集种子，再次播种，并且防止它们偶然杂交。如此反复连续地种植20代菜豆，这样才能说做过该实验了。我们无法假定菜豆幼苗本身没有差异，因为曾有报告指出，有的幼苗确实比其他幼苗具有更强的抗寒能力，而且我曾亲见过这类明显的事例。

菜豆：隶属于被子植物门，双子叶植物纲，豆目，蝶形花科，又名芸豆、四季豆等。菜豆原产于南美洲的墨西哥和阿根廷，现在中国广泛栽培。

总而言之，我们可以得出以下结论：**是否是惯用在某些情形下会对生物体质与构造的变异起到十分重要的作用，不过这种作用常与自然选择一起发生效果，有时还受制于自然选择。**

与成长有关的变异

前面已经说过，相关变异是指，**生物体的各部分在生长发育过程中紧密结合，当任何一部分发生极微小的变异时，随着自然选择的积累，必然会导致其余某些部分发生变异**。相关变异非常重要，但我们却知之甚少，而且有些看似相反的事实，很容易使我们迷惑。我下面将谈到单纯的遗传常会表现出相关变异的假象。

同源构造有结合的倾向

同源构造：指物种身上所具有的相似结构。

动物幼体或幼虫的构造，如果发生变异，动物成体的构造自然会受到影响，产生变异，这是相关变异最明显的实例。动物身上那些同源构造，在胚胎初期构造相同且所处的外界条件又相似的，似乎最易发生相同的变异。我们常能看见物种身体的左侧和右侧，往往以相同的方式进行着变异；前足与后足，甚至颚和四肢也会同时发生变异——一些解剖学者认为，下颚和四肢都属于同源器官。

我认为，这些构造的变异方向或多或少会受自然选择的控制。例如，世界上曾出现过一群只有一侧长角的雄鹿。假如这一特点对这个物种的生存用处很大的话，那么自然选择就会让它长久保存下来。

有些学者指出，同源器官有结合的倾向。这种情况，我们通常能在畸形的植物体中看到。

——在一般构造中，花瓣结合成筒状是同源结合最常见的例子。生物体中那些坚硬的部分，似乎可以影响与其相连接的柔软部分的形态。

向日葵中间一个个小筒似的部分就是筒状花。

——一些学者认为，鸟类骨盆形状的不同会引起肾的形状发生明显分歧。

——还有一些学者指出，就人类而言，母亲骨盆的形状，导致产道给予胎儿的压力不同，直接影响了胎儿头部的形状。

——对于蛇类来说，施来格尔提出，蛇身体的形态以及吞食的方式决定着几种重要内脏的位置和形状。

畸形共存

这种相关变异的性质，我还不是十分清楚。小圣·提雷尔先生指出，有些畸形可以共存，而有些却正好相反。我目前还无法解释这一现象的原因。

就拿猫来说，体色纯白、蓝眼睛的猫，常伴有耳聋畸形；体色是玳瑁色的猫，通常是雌性。

又如鸽类，脚的羽毛与其外趾蹼皮的大小有关；刚孵出的幼鸟身上绒毛多少，与将来羽毛的颜色有关。

还有土耳其裸犬的毛与其齿有关。

上述这些奇妙的关系一定是受到同源的影响，其中从毛与齿相关的特点来看，我认为，哺乳动物中拥有最奇特表皮的两目，应属鲸目和贫齿类，而它们都长有最异常的齿，这绝非偶然现象。当然，这一规律也有许

鲸目：隶属于脊索动物门，哺乳纲，全部为水栖兽类。该类动物体毛退化（胎儿头部有毛）、皮脂腺消失。齿型特殊，有些无齿，取而代之的是上颌部角质化板排列成行，自口顶下垂，以滤食小型水生生物。有齿的种类，牙齿多数为同型的尖锥形牙齿。

伴性遗传

这里涉及伴性遗传问题，即某一个身体特征只有某一个性别的个体才会显现，而另一个性别则很少出现，即便出现也很少能够产下后代。这是因为决定这一特征的基因存在于性染色体上，即X染色体或Y染色体上。例如，有些人的外耳道里会长有长毛（即外耳道多毛症），这是由Y染色体上的一个基因异常导致的，所以只有男性才会具有这种特征。

多例外，但正如瓦特先生所说，这些例外的价值并不大。

与自然选择无关的变异

据我所知，没有比菊科和伞形科植物的内外花的差异，更适宜阐明相关变异法则的重要性了，而且这一变异与使用频率和自然选择无关。

众所周知，雏菊的中央小花和边缘花之间的差异，往往伴随着生殖器官部分或全部退化，而且这类植物所产生的种子在形态和纹路上也存在着差异。有人认为，这或许是因为总苞对花的压力或它们相互之间的压力造成的，某些菊科的边缘花的性状恰好印证了这一观点。不过，胡克博士曾告诉我，在伞形植物中，内外花差异最大的并不是花序最密的物种。

> 总苞：花茎基部的小叶子叫苞叶，当多个苞叶集合在一起时，就叫作总苞。例如向日葵，舌状花下面的绿色一轮轮的叶片就是总苞。

我们可以做一个假设，边缘花花瓣的发育是吸收了本该供给生殖器官的营养，所以导致了生殖器官发育不全。但这并不是唯一的原因，因为某些菊科植物的花冠完全相同，但边缘花却可以产生种子。这个差异有可能与养料是从不同地方流向中心花和边缘花有关。

> 整齐花：一朵花的花瓣若大小一致，形状也相同，而自花的中央向外呈辐射式排列，就称为整齐花。整齐花可自任何方向折合对称，所以也称辐射对称花。

我们至少清楚，对于不整齐的花来说，那些距花轴最近的花，最易变成整齐花，也就是异常的相称花。

菊科 隶属于被子植物门，双子叶植物纲，菊目的一大类植物。向日葵为本科的代表植物之一。我们通常认为向日葵每株只开一朵花，实际上这是不正确的。向日葵花盘里面一个个小的筒状花才是真正的花。外面大的花瓣，不是通常意义的花瓣，而是边缘花，也叫舌状花，但没有雌雄蕊，不能结籽。里面一个个小的筒状花具有雄蕊和雌蕊，能够产生种子。所以，一个向日葵花盘能结出无数瓜子（果实）。本科植物的花都有类似特征，其他代表植物有菊花、矢车菊、蒲公英等。

胡萝卜的花

伞形科 隶属于被子植物门，双子叶植物纲，伞形目的一年生或多年生草本植物类。花呈复伞形。伞形指一个主轴分成许多分支，每一个分支上都有一朵花，这些花都在一个水平面上，看上去就像一把伞。复伞形就是植物的茎分成许多花轴，这些花轴上的花呈伞形，而这些伞形花又组合成一个更大的伞形（详见图）。这类花多分为中心花和边缘花两种，中心花小，边缘花大。该科代表植物有胡萝卜、当归、柴胡等。

天竺葵的花

再补充一个显著的事例来说明相关变异：在很多天竺葵类植物的花序中，如果长在花序中央的花上方的两个花瓣失去了颜色较浓的斑点，那么其附着的蜜腺就会完全退化，而中心花就成为整齐花；如果两个花瓣只有一个失去了斑点，那附着的蜜腺就不会完全退化，而只是大大缩短而已。

就花冠的发育而言，斯普兰格尔先生的观点十分可信。他认为，边缘花是专门用来吸引昆虫的，这对植物的受精极为有利且十分必需。如果真是这样，自然选择发挥的作用便可见一斑。

但是，对于种子而言，它们在性状上的差异并不经常与花冠的差异相关，因而花冠的变异似乎不能使种子得到什么利益。而在伞形科的植物中，花冠的差异却显得极为重要——外围花种子的胚珠是直生的，而中心花种子的胚珠却是倒生的。

老康多尔先生通常将这些性状作为这类植物分类的依据。因此，某些被分类学家认为有高度价值的构造差异，或许完全是由变异和相关法则引起的。据我判断，这对于物种本身并没有什么用处。

结 论

一个物种所有个体共有的、纯粹由遗传而来的构造，常常被我们误认为是相关变异造成的。这是因为它们的古代祖先通过自然选择，基本上获得了某种构造上的变异，并且在经历数千代后，又获得了另一种与上述变异不相关的变异。假如这两种变异遗传给了习性分歧的所有后代，那么我们就能猜到它们在某些方面必有内在的联系了。

另外，还有一些相关变异的例子，很显然是因为自然选择的单独作用造成的。例如，康多尔曾观察到，不开裂的果实中永远找不到具有翅的种子。对于这一规律，我的解释是，果实开裂，适于能被风吹动的种子，如果这类种子有翅，就会比那些不太适于广泛散布的种子有更大的生存机会。因此，除非果实开裂，否则种子就不可能通过自然选择而逐渐变为有翅的。

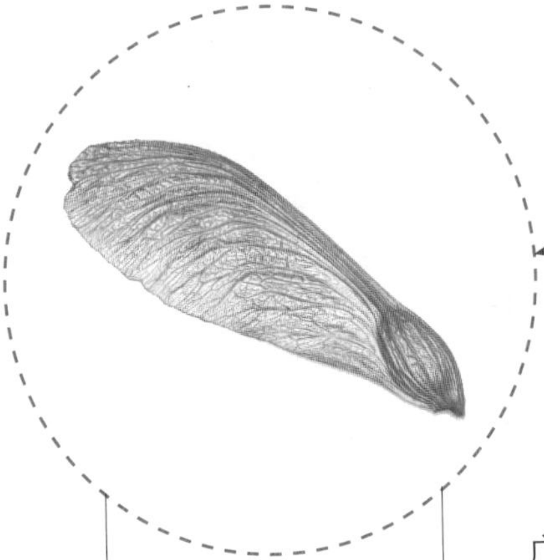

枫树的种子，其翅是种子外表皮长有的薄膜状结构。

生长的补偿与节约

生长补偿法则难以普遍适用

老圣·提雷尔和歌德几乎在同一时间提出了生长的补偿法则，也就是平衡法则。歌德说：

为了在某些方面消费，自然不得不在其他方面节约。

我认为，此种说法在一定范围内，对于家养动物是比较适用的。如果营养过多地流向某一部分或某一器官，那么流向其他部分或器官的势必会减少，至少不会增加。由此得出：

——要想饲养一头产奶多，且身体又肥胖的牛，是非常困难的。

——同一个甘蓝变种，不可能在长有繁盛而富有营养的叶的同时，还能结出大量含油的种子。

——如果水果的种子出现萎缩，那么果实本身往往会增大体积，品质也会有所改进。

——头上长有一大丛冠毛的家鸡，其肉冠往往是缩小的；而多胸羽的家鸡，其肉垂则很小。

生活在自然状况下的物种，想要普遍应用生长补偿法则是比较困难的。不过，有很多优秀的观察者，尤其是植物学家，都相信这个法则的真实性。但我不想在此处列举任何例子，因为我很难辨别以下两个方面的效果：

一方面，物种的一部分构造因自然选择变得越来越发达，而另一个相关构造因自然选择或因不使用而退化了。

另一方面，生物一部分养料被夺走，是因为相邻构造过度生长所致。

自然选择法则

我认为，已列举的补偿实例和其他一些事实，都能够用一个更普遍的原则来概括，那就是**自然选择常不断地使生物体内的每一个部分都能够最有效地发挥作用，也就是出最小的力达到最大的效果。**

假如生物原来有用的构造，因生活环境发生改变而变得用处不太大时，该构造就会缩小。这对物种来说是有利的，能避免个体将养料浪费在无用的构造上。对于蔓足类的考察曾给我留下颇深的印象，从那里我理解到一个事实：

当一种蔓足类寄生在另一种体内而得到保护时，它的外壳也就是壳板，几乎完全消失。

毛茗荷属：蔓足类的一个属，雌雄异体，雄性体型小且特殊，附着在雌性的外套腔内，又称为矮雄。

相似的事例还有很多：

毛茗荷属的雄性个体就是这样，铠茗荷属的情况则更为特殊。所有其他蔓足类都有极为发达的壳板，是由异常发达的头部前端三个重要体节组成的，并具有粗神经和肌肉。

铠茗荷属：蔓足类的一个属，雌雄同体，但是通常情况下体内还会另外附着一个雄性个体，称为补充雄体。

而寄生的龟足属，因寄生和受到保护的缘故，它们头的前部显著退化，甚至缩小到只留下一点点的残迹，依附于捕捉功能的触角基部。

假如物种能将多余的大而复杂的构造省去，将给其每一个后代都带来巨大的利益。这主要是由于每个物种都处于生存斗争之中，如果身体构造能达到事半功倍的效果，那么其就能获得更好的生存机会。

因此，我认为，无论是身体的哪一个部分，只要经过习性的改变而成为多余的，自然选择便会发生作用，使其退化甚至消失，但不会引起其他构造的相对发育。相反，自然选择可使一个器官特别发育，但却不需要某些连接部分缩小以作补偿。

退化结构和低级构造易于变异

就如小圣·提雷尔说过的那样，无论是在物种还是在变种中，同一个体的任何部分或任何器官，只要由很多相同的构造组成（如蛇的脊椎骨、多雄蕊花中的雄蕊），那么相同构造的数量越多就越容易出现变异。相反，同样的部分或器官，如果相同构造较少，就能保持稳定。这几乎已成为一条定律。

——小圣·提雷尔和一些植物学家还进一步指出，相同构造的器官非常容易出现结构变异。

——欧文教授将生物体出现相同构造的现象称为“生长的重复”，并指出这是低级生物所具有的特征。

因此，在自然界中，低级生物比高级生物更容易发生变异。这与博物学家的意见是一致的。

我这里所说的“低级”是指，生物的一些构造很少专用且不能承担特殊功能。一般说来，同一器官承担多种功能时，十分容易发生变异，因为自然选择对这种器官的差异无论是保存还是排斥，并不是专一、严格的，而是比较宽松的。就像刀子，若用途广泛，则可以对多种形状进行切割；相反，如果仅用于某一目的，那么刀子就必须只能作用于某一特定的形状。我们不能忘记，自然选择只有在对生物有利的情况时才会发挥作用。

同理，那些退化的器官也极易发生变异。我们以后还会讨论这一问题，在这里我仅补充一点，当生物的变异是因为某一构造毫无用处所引起的时候，自然选择便会保留下这个对它们自身有好处的变异。

发育异常的构造非常容易变异

同种变异之间的差异更显著

几年前，沃特豪斯关于“**发育异常的构造极易变异**”的论点，使我产生了很大的感触。欧文教授也得出了相似的结论。

要想让大家相信上述结论的真实性，我就必须将搜集到的一系列事实列举出来。但这是不可能的，因为篇幅有限，我只能说，这个结论所指的是一个相当普遍的规律。我已考虑可能会导致错误的几种原因，并努力希望将其避免。

我们必须清楚，这个规律绝不能应用于某一个体的一种生物构造上，即使是那些异常发达的构造也是不可以的。只有在与近缘种的同一构造进行比较时，异常发育的构造才可以应用这个规律。

例如，蝙蝠的翅膀，在哺乳动物纲中可算是最异常的构造了，但它却不适用于这一规律，因为所有的蝙蝠都长有翅膀。

如果某一物种与同属其他物种相比较，具有显著发育的翅膀时，这一规律才可应用。

此外，第二性征（次级性征）无论以何种方式出现，我们都可以去应用这一规律。

蝙蝠 隶属于脊索动物门，哺乳纲，翼手目，是一类可以飞翔的哺乳动物。蝙蝠前肢异化，具有特别长的指骨。指骨末端到肱骨、体侧、后肢及尾间都生有薄而柔韧的翼膜，借以飞翔。蝙蝠白天在洞穴里倒悬栖息，晨昏飞出捕食昆虫，能于飞行中发出高频声波，并借耳及颜面部的特殊感官收集从物体折回的声波（回声定位）。不少种类的蝙蝠会在春秋两季进行远距离迁徙，因而成为研究动物定位、定向的重要对象。

第二性征 所谓的第二性征，也称副性征，是指与生殖作用没有直接关系，仅属于一个性别的性状。这一规律对雌雄两性均适用，不过对雌性应用得很少，因为雌性很少有明显的第二性征。

毫无疑问，无论第二性征以什么方式出现，都具有极大的变异性，因此这一规律对这些性状普遍适应。

当然，这一规律的应用范围也不仅限于第二性征，在雌雄同体的蔓足类中能明显证实这一点。在研究这个亚纲的动物时，我尤其注意了沃特豪斯曾提出的那些事例，并确信这一规律基本上具有普遍适用性。在此，我仅举一例，无柄蔓足类的壳甲，不管从哪个方面讲，都是非常重要的构造，而且在不同属中，它们的差别极小。但在四甲藤壶属的几个物种中，壳甲却有很大的差异。因此，如果我们说，**重要器官在同种各变种之间所表现的差异，比异属间所表现的差异还要大**，一点儿也不夸张。

我曾仔细观察研究过鸟类的一个现象，即栖息同一区域的同种鸟类变异很少。并且，我发现上面所讲的规律似乎在鸟类中很适用。不过，我目前还未证实这个规律也适用于植物。如果不是植物巨大的变异性，使它们变异的相对程度难以比较，那么我就会对这一规律的真实性产生疑问。

发育显著的器官对物种的意义

如果我们看到某一物种的任何构造或器官出现发育显著时，那么我们便会认为这种变异对该物种是十分重要的。

Q：为什么这类器官或构造最容易变异呢？

A 若是根据各物种都是被独立创造出来的观点，各物种的所有构造一直和我们现在看到的一样，那么我就真的无法解释了。但如果依据各物种都是从其他物种演化而来的，并且经自然选择而发生变异的观点，我们便可以获得一些启发。

第一 我必须对如下几点做一个简单的解释。假如我们对家养

动物的构造或个体不加以注意，也不加以选择，那么这部分构造（比如金鸡的冠）或整个品种，就不会再有一致的性状，也就是说这个品种将会退化。

在退化器官、很少有特殊目的的特殊化器官、多形性生物群里，我们可以看到相似的情况。因为在这些情况下，自然选择没有或很少发挥出它的作用，所以生物体就处于变动不定的状态。

但是，我们应该特别注意的是，在家养动物中，那些因为连续选择而正在迅速变化的构造，也有着明显的变异。通过对同一品种的个体观察，我们可以发现：

> 翻飞鸽的喙、信鸽的喙和肉垂、扇尾鸽的形体与尾羽等构造在同种个体间的差异非常大，而这也正是目前英国养鸽者们主要关注的几点。
>
> 甚至在同一亚种当中，如短面翻飞鸽这一亚种，人们想要培育出一只近乎完美标准的纯种鸽，是非常困难的事，因为它们的个体中有很多都不符合纯种鸽的标准。

由此可以确定，有两方面力量存在着经常性的斗争：

一方面，驱使物种回到较不完整状态的倾向，和发生新变异的一种内在倾向。

另一方面，保持品种纯洁性的不断选择的力量。

后者终究会占据主导地位，所以我们不必担心遭遇像优良短面翻飞鸽品种，孕育出普通翻飞鸽这样的失败。我们通常可以预料到，**当自然选择已在迅速发挥作用时，正在发生变异的部分会加剧变异性。**

第二 我再来谈一谈自然界。假如某一物种的一个结构，比同属其他物种的相同结构发育显著，那么我们就可以推测，该结构比起原始祖先所具备的已经发生了翻天覆地的变化。

通常来讲，发生这么巨大变化的时间不会很长，因为同一物种很少能连续出现在两个相邻的地质层里。发育显著是由巨大、连续的有利变异，通过自然选择的积累而逐渐形成的。

既然发育显著结构是在短时间内完成变异作用的，那么按照“发育异常的构造极易变异”规律，我们可以推测出，那些具有持久稳定性的其他构造，在今后漫长的岁月里所具有的变异可能性会有多少。

我相信，自然选择和退化返祖倾向在经历了一段时间的斗争后，会趋于平稳，所以最容易发生变异的构造也会稳定下来。因此，一个构造无论看上去怎样异常，只要它能遗传给后代，如蝙蝠的翅膀，那么它在一定的时期内就会保持着差不多的状态，不会产生很大的变化，更不会比任何其他构造更易于变异。除非发生了明显的性状改变，否则我们很难发现变异的存在。

另外，**虽然自然选择可以积累有益变异，但退化返祖现象也一直存在着，所以变异后的性状很少能够很快地固定下来。**

种级特征比属级特征更易变异

属内差异的影响

上一节所讨论的规律——“发育异常的构造极易变异”，也可用于解释本节所讨论的问题。众所周知，种级的特征比属级的特征更易发生变异。在此举一个简单的例子加以说明：

> 假如在一个大属的植物当中，有的开蓝花，有的开红花。花的颜色只是物种的一个特征。人们对本该开蓝花的品种开红花，或者本该开红花的品种开蓝花的现象，并不感到奇怪。但是，如果属内所有物种都是开蓝色的花，那么颜色就成了属的特征。此时，若花的颜色发生改变，那必将成为一件十分不寻常的事，因为变异是发生在属级特征上的。

我之所以选择这个例子，主要是因为大部分博物学家所提出来的解释，并不能在这里应用。他们觉得种级特征比属级特征更易变异的原因是，决定物种分类的那些特征，一般在生理上，没有属的特征来得重要。

对于这个解释，我认为是片面的，仅能间接解释部分现象。对于这一点我会在后面的章节中详细讨论。

找证据来支持物种特征较属的特征更易变异这一观点，看起来有些多余。多年来，我一直在注意博物学相关著作中讨论过的重要性状。我发现，有人惊奇地指出，一些重要器官或构造在大属物种中通常是比较稳定的，然而在亲缘关系密切的物种中却有着很大的差异且经常发生变异。

这一事实说明，当属级特征降为种级特征时，虽然其生物重要性与以前一样未发生改变，但它却易于变异了。

相同的情况也常见于畸形。小圣・提雷尔相信，如果一个属里的不同物种的同一器官存在较大差异，那么个体中畸形的概率就会增加。

属级特征和属内差异

根据物种是独立被创造出来的观点，显然无法解释同属内被独立创造出来的各物种之间，为什么构造上彼此相异的部分比彼此相似的部分更容易发生变异。但如果按照物种只是特征明显的相对固定的变种这一观点来看，我们就能够预期在近期发生了变异且彼此之间出现了差异的那些构造，还会继续变异。

换一种方式来说，同属内所有物种构造上互相类似的，而与近缘属构造上相异的那些特征，被称为属级特征。这些特征都是由同一祖先遗传下来的，因此自然选择几乎难以使不同的物种依照完全相同的方式发生变异，来适应各种生活环境。

所谓属的特征，是指在各物种由共同祖先分化出来之前就已经具有的特征，而之后这些特征历经数代没有变异或只发生了一点点变异，直至现在它们可能也不会再出现变异了。

另外，同属内各物种间不同的差异点，被称为物种的特征。由于这些物种的特征是物种从祖先那里分离后，产生变异而使各物种间形成差异，所以这些特征在某种程度上时常出现变异，而且即使到目前，也仍会经常地变异，或是起码比那些长期保持不变的构造更容易发生变异。

第二性征更容易发生变异

第二性征与性选择

雄鸡的鸡冠和羽毛都比雌鸡的要大和美丽。

第二性征是高度易变异的。这一点已经被众多博物学家承认，所以我无须在此详细讨论。

同样，大家也认同，**在一群生物中，各物种之间在第二性征上的差异，常比其他构造的差异要大。**比如，我们可以比较第二性征明显的雄鸡和雌鸡，用两者的差异大小来说明这个问题，大家便很容易就能够理解了。

虽然我们不清楚第二性征易于变异的原因，但是我们知道，第二性征之所以不能像其他特征那样稳定和一致，是因为性选择积累的缘故。性选择没有自然选择那样严格，它并不会引起死亡，仅仅是让那些处于劣势的雄性留下较少的后代而已。

无论第二性征容易发生变异的原因是什么，由于它们高度变异，所以性选择就有了广泛的作用范围，从而使同属的各物种在第二性征方面比其他方面拥有了更大的差异性。

第二性征差异与结构差异

同种两性间在第二性征方面的差异，通常情况下表现为同属各种间相同构造的差异，这是一个值得研究的事实。对于此类现象，我举两个例子来说明。这两个例子是我认为最常见的两个事实。

绝大多数甲虫类长有相同数目的足部跗节，这是它们共有的特征，但在木吸虫科里，就像韦斯特伍德所说，跗节的数目变异很大，即使在同种的两性之间也存在着差异。

木吸虫科：隶属于节肢动物门，昆虫纲，鞘翅目的一类昆虫，种类较少，只有大约100种，外表大多极其相似，只在个别地方有差别。

在膜翅类中，大部分物种都拥有翅脉这一特征，因此这是一种极为重要的性状。然而，翅脉在某些属中的各物种之间，以及同种的两性之间却出现了差异。

蜜蜂的翅脉

上述两个例子中的差异拥有十分特殊的性质，因此它们的产生绝非偶然。

最近，卢伯克爵士提出的一些小型甲壳类动物的例子，也可以为这一规律做很好的说明。

北镖水蚤属：隶属于节肢动物门，甲壳纲，桡足亚纲，哲水蚤目，镖水蚤科。该属雌体粗壮，第五胸足内肢末端仅有细刺毛，而雄性第五右胸足内肢发达，末端尖锐。

卢伯克爵士说："在北镖水蚤属中，第二性征主要通过前触角和第五胸足来表现，而且物种之间的差别也主要表现在这些器官上。"

这种关系显然对我下面的观点有着实际的意义。我认为，同属的所有物种和所有的雌雄两性个体一样，都来自同一祖先。这个祖先或它的早期后代，在某一构造上发生了变异，而这很有可能会被自然选择或性选择利用，使它们在自然组成中适应各自的位置，同时还可以使同种的雌雄两性之间更融洽，或能让雄性个体在与其他雄性的竞争中取胜，而获得雌性。

综上所述，我得出5条结论：

第一条 物种的特征（也就是区别物种的特征）与属的特征（属内一切物种共有的特征）相比，具有更大的变异性。

第二条 当某一物种与同属的其他物种比较时，若出现异常发育的部分，则该部分往往具有高度的变异性。

第三条 同一属内各物种共有的特征，无论特征如何异常发达，其变异都是较少的。

第四条 第二性征的变异性大，而且即使是在关系密切的近缘种之间，差异也很大。

第五条 第二性征的差异与普通种间差异，一般都会表现在物种的相同构造上。

上述所有原理都是相关的，因为：

- 同一属物种都来自一个共同祖先，且通过遗传得到了许多共同的东西。与遗传已久且没有发生过变异的构造相比，近期出现大量变异的构造，更易发生变异。
- 随着时间的推移，自然选择已可以或多或少抑制返祖和进一步变异的倾向。
- 性选择没有自然选择那么严格。
- 同一构造的变异，之前曾被自然选择和性选择积累，所以它逐渐成为第二性征，换一个角度看，又可作为一般特征。

物种变异的近似性

相似的未知因素的影响

不同物种会表现出相似变异，所以一个变种往往会具有其近似种的性状，或重现它早期祖代的若干特征。通过观察家养动物，我们就能够更好地理解这一观点。

> 生活在相距很远区域的一些差异较大的鸽子品种，出现头上生有逆毛、脚生羽毛的亚变种，这些特征都是祖先岩鸽不具备的。因此，这些特征就是两个或两个以上品种发生的相似变异。一般将有14根或16根尾羽的突胸鸽，看作一种变异，而这一特征也可以看作另一个品种的标志——扇尾鸽所具有的正常构造。

毫无疑问，所有这些相似变异，均是由于这几个鸽种从一个共同祖先，遗传了相同的构造和变异倾向，并受到相似的未知因素的影响。

同样，在植物界也有着类似的例子。

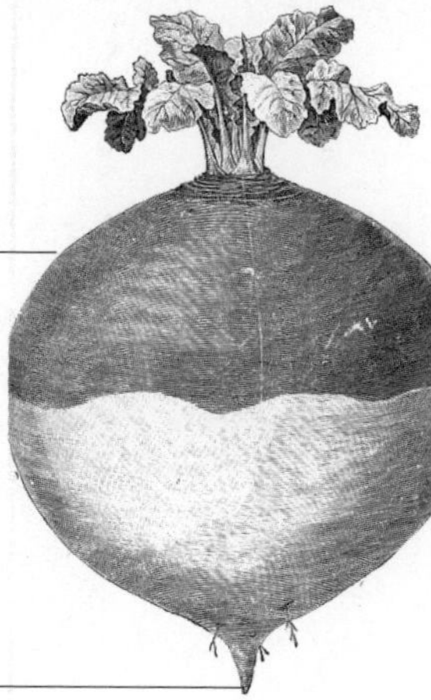

瑞典芜菁和芜菁甘蓝：两者都隶属于被子植物门，双子叶植物纲，白花菜目，十字花科，芸薹属。二者区别极小，前者叶子有毛而没有蜡质覆盖，后者叶子无毛而有蜡质覆盖。它们膨大的部分，也就是我们食用的部分，是肉质大型块根，而不是达尔文所说的茎。

瑞典芜菁和芜菁甘蓝，都具有膨大的茎。对此，部分植物学家认为该种现象是这两种植物由同一祖先演化而来的证据。如果不是这样，那么我们只能将此理解成不同物种发生了相似变异。除此之外还有普通芜菁，这三种植物如果都是由上帝分别创造的，那么我们就不能将它们共有的特征归于来自同一祖先。

对于葫芦，诺丹等博物学家都观察过相似的案例，证明同属物种变异的相似性是存在的。在自然环境下，昆虫之间的变异也具有一定的相似性。对此，沃尔先生就曾详细地论证过，并将这一现象总结为“均等变异性”法则。

不过，鸽子中还存在另外一种情况，那就是无论哪种品种，其后代偶尔都会有羽毛是石板青蓝色的品种出现。这些后代的翅膀上有两条黑色横纹，腰部呈白色，尾部有一条暗色横纹，外尾近基部的外缘是白色的，而这所有的颜色特征都属于鸽子的原始祖先岩鸽的特征。

因此，我认为这是一种返祖现象，而不是这些品种发生了新的相似性变异。由此，我可以确定地得出以下结论：如我们看到的那样，在两个颜色各异的品种杂交后代中，上述返祖特征的频繁出现说明其中并不是外界环境发挥了作用，而仅仅是受遗传法则中杂交作用的影响。

特征再现的原因

令人感到惊奇的是，有些特征明明早已失去，但在许多世代甚至数百世代后竟然还可以重现。某一品种仅与另一品种杂交一次，它的后代在此后很多世代（有人说12代或20代）中，都会偶然表现出外来品种的某些特征。通俗点儿说，从一个祖先身上遗传来的血，经过12个世代后，其比例仅为1∶2048。

假设某一个祖先身上的血为1；

第二代经过杂交，遗传比例为$\frac{1}{2}$；

第三代经过杂交，遗传比例为$\frac{1}{2\times 2}$；

第四代经过杂交，遗传比例为$\frac{1}{2\times 2\times 2}$；

⋮

第十二代经过杂交，遗传比例为$\frac{1}{2^{11}}$；

即1∶2048。

这也许就是人们相信的，返祖现象是对外来血缘残留部分的显现。

对一个没有杂交过的品种来讲，它的双亲虽然已经没有了祖先的某些特征，但正如我之前所说的，这些特征或多或少地仍存在于无数的后代中，尽管我们所看到的情况并非完全如此。

对一个品种已经失去的特征在许多世代后重现，最合理的假设是，**这种失去了数代的特征，并不是突然被某一个个体获得的，而是隐藏在每一个世代中，当遇到未知的一些有利条件时才会再次呈现。**

例如，排孛鸽很少出现蓝色羽毛的个体，但产生蓝色羽毛的倾向基本上每个世代的个体都具备。

从理论上来看，返祖倾向与无用或退化器官的遗传概率相比，可能会更大。不过，某些退化器官的再现，也是由这种倾向导致的。

我们可以假定同属内的所有物种都是由一个共同祖先演化来的，它们偶尔会以类似的方式发生变异，于是就有可能产生两个或两个以上物种的变种彼此非常相似，或者某一物种的一个变种与另一个物种在某一特征上有些相似。

依据我的观点，上述的“另一个物种”只不过是一个特征显著的且相对固定的变种而已。然而，仅由相似变异而产生的特征，其性质应该不太重要，因为所有功能上的重要特征的保存，必须按照物种的不同习性，通过自然选择来决定。

同样，同属的物种有时也会重现已消失很久的特征。可是，我们对所有自然类群的祖先并不清楚，因此也就无法将重现的特征和相似的特征清楚地区分开来。

> 例如，我们不知道亲种岩鸽是否具有生羽毛的腿或长逆毛，于是我们就不能断定家养品种中这些特征的出现，是返祖现象还是相似变异。不过，我们可以从很多色斑中推断出，蓝色羽毛是一种返祖现象，因为色斑与蓝色具有关联性，从一次简单的变异中不可能会一下子出现这么多的色斑，尤其是颜色不同的品种相互杂交时，常出现蓝色和色斑。因此，我推论出前面所述观点的正确性。

在自然状态下，我们通常无法判定哪些是祖先特征的重现，哪些是新的相似变异。不过，我们可以据此得出结论，**一个物种变异了的后代身上有可能具备同属其他物种的相似性状**，这一点是毋庸置疑的。

Q：为什么难以辨别哪些物种是变异的？

A 主要是因为变种与同属其他物种的特征十分相似。此外，在两个可疑物种之间，存在着很多中间类型，这表明它们在变异过程中已经获得了其他类型的一些特征。当然，我们不能把这些十分近似的类型看作被分别创造出来的物种。不过，相似变异最有利的证据还在于特征稳定的构造或器官，偶尔也会发生变异，于是在某种程度上变得与近缘物种的相同构造或器官十分类似。我收集了许多相关事例可以证明这一观点，但还是和前面一样，我不能一一在此列举。我只能不断强调，这种情况确实存在，并十分值得关注。

复杂而奇特的例子

接下来，我要列举一个复杂而奇特的例子，这个例子中的属，其下所有物种的重要特征都不受某种变异的影响。这一变异普遍发生在该属的物种之间，而且其中有一部分是在家养状态下发生的。

驴

有人曾提出，幼驴腿上的条纹最为显著。根据我的考察，事实确实如此。有时驴肩上的条纹是成对的，而且条纹的长度和形状非常容易发生变异。据记载，有一头驴呈白色，而并非患白肤症，该驴的脊背和肩上没有条纹，而这些条纹在深色驴子当中也是不明显的，甚至已经完全消失。据说，由帕拉斯命名的野驴，肩上有成双的条纹。布莱斯先生曾在一头野驴标本的肩上，见到了明显的肩条纹，尽管这种肩条纹本不应该存在。普尔上校曾告诉我，这种驴的幼驹，腿上通常都有明显的条纹，但其肩上的条纹却很模糊。斑驴身

斑驴：隶属于脊索动物门，哺乳纲，奇蹄目，马科。斑驴原本生活在非洲南部，其前半身像斑马，后半身像马，现已灭绝。

体上长有与斑马类似的明显条纹，而腿和后半身却没有。阿沙·格雷博士曾绘制了一张标本图，图中能看到，在这头斑驴的后足踝关节出现了斑马状条纹，且非常清晰。

马

我在英国收集了许多例子。这些马品种不同，颜色各异，但它们的脊上都生有条纹。暗褐色和鼠褐色的马，在其腿上经常生有横条纹，而栗色马也有一例是这样的。暗褐色马有时肩上生有一些不太明显的条纹。我还曾在一匹赤褐色马的肩上看到过条纹。我儿子对一匹暗褐色比利时驾车马进行了仔细的观察，帮我描绘了一张草图，该马的双肩和腿部都生有条纹；我还亲眼看到了一匹暗褐色的德文郡矮种马，其双肩各长有三条平行条纹，而有人曾描述过威尔士矮种马，其肩上也生有三条平行的条纹。

印度西北部的凯替华品种马，一般都具有条纹。普尔上校曾为印度政府检查过这个品种，那些没有条纹的马被看作非纯种马。这种马的脊背、腿上都生有条纹，而肩上的条纹更为普遍，有时肩上有两条或三条条纹，甚至面部有时也会生有条纹。条纹往往在幼驹身上明显，而在老马身上有时则会完全消失。普尔上校见过灰色和赤褐色的凯替华马，在初生时都有明显的条纹。根据爱德华先生给我的材料，我推测英国赛跑马脊背上的条纹，幼时比成年时要更多见。

近来，我养了一匹小马，它是由一匹赤褐色雌马（东土耳其雄马和弗兰德雌马所生）与一匹赤褐色的英国赛跑马杂交所生。这个幼驹刚满1岁的时候，它的臀部和前额有很多极狭的暗色斑马状条纹，但它的腿部仅有少量条纹，但没有多久这些条纹就全部消失了。

我不想在此做详细说明，但可以确定的是，我已经搜集到很多实例能够证实，不同地区的各品种马的腿和肩上都生有条纹，西至英国，东到中国，北自挪威，南及马来群岛，全都是这样。在世界的各个地区，具有这种条纹的暗褐色与鼠褐色的马最为常见。暗褐色的颜色范围很大，介于黑色与褐色之间的颜色，以及某些接近黄色的颜色都可以算暗褐色。

史密斯上校曾将上面所述的问题写成论文，他认为马的很多品种是从很多原种繁衍而来的，其中一个原种是暗褐色且具有条纹的。同时，他相信上述马的外貌特征都是因为古代大量的原种马曾与这种暗褐色原种马杂交而造成的。我完全可以驳倒这一观点，因为那些强壮的比利时驾车马、威尔士矮种马、挪威矮脚马、瘦长的凯替华马等，它们都生活在世界上相隔很远的地方，如果说它们都曾必须和某一个假定的原种杂交，显然是不太可能的。

骡　子

接下来，让我们来研究一下马属中几个物种的杂交效果。罗林观察到，驴和马杂交所生的骡子，其腿上常具有明显的条纹。根据戈斯先生所说，美国一些地方的骡子，十有八九腿部都有条纹。我见过一匹骡子，腿上的条纹多到足以使人相信它是斑马的杂种后代。马丁先生曾写过一篇关于马的优秀文章，其中绘制了一幅与上述情况十分相似的骡子图。我以前还看到过驴和斑马所生杂种后代的四张彩色图，它们腿上的条纹更为明显，其中一匹肩上还生有两条平行的条纹。莫顿爵士养的一匹杂交种非常有名，其是栗色雌马与雄性斑驴所生，这匹杂种后代还有栗色雌马与黑色阿拉伯马所繁育的那些后代，它们腿部的横条纹都比纯种斑驴还要明显。

家驴与野驴杂交

另外，还有一个值得注意的例子，格雷博士曾绘制过家驴与野驴杂交所育后代的图（据说，他还知道第二个相同的例子）。驴的腿上偶尔才会长有条纹，而野驴腿上并没有条纹，它们肩上也并不长条纹。然而，它们的杂种后代四条腿上却都长有条纹，而且跟暗褐色的德文郡马和威尔士矮种马杂交产生的后代类似，在肩上还长有三条短的条纹，甚至面部两侧也有一些斑马状的条纹。对于面部条纹，我确信绝对不会有一条是像通常情况下所说的那样，是因为偶然原因产生的。所以，我就面部长有条纹这一现象请教了普尔上校，条纹明显的凯替华马脸上是否也曾有过类似的条纹出现。如前文所讲的那样，他对此给予了肯定的回答。

我们要怎样解释以上这些事实呢？我发现，马属中几个不同的品种，因为简单变异，腿上长有斑马状条纹，或者在肩上出现和斑驴相似的条纹。在马属中，我们能够见到，当其身体的颜色接近于该属物种普遍具有的暗褐色时，这种条纹出现的可能性最大。条纹的出现，不会引起马属物种形态上的丝毫变化或者任何一个新特征的产生。我还发现，条纹出现的趋势，在不同物种相互杂交所产生的后代中，表现得最明显。

重现祖先特殊特征

接着，我们再来看看几个家鸽品种的情况：

这几个品种是由一个祖先（包括两个或三个亚种或地理种）繁衍而来的，并且这个祖先身体呈浅蓝色。这几种鸽子的品种经过简单杂交后，子代的身体或多或少都会呈浅蓝色，但它们的形态或其他特征却不会改变。当最原始的、最纯正的、不同颜色的鸽种进行杂交时，其后代就会有出现蓝色条纹及其他标志的强烈倾向。我之前曾提出过，对这种重现祖先特殊特征的合理解释，是假定每一个连续世代的幼鸽，都具备重现消失已久特征的倾向，出于未知原因，这种倾向有时会占优势。就像我们前面已经说过的，马属的某些物种中，通常幼驹会比老马的条纹更为明显或更为常见。在这些鸽子的品种中，若有些保持纯种达百年之久的，我称为物种，那么这种情况与马属内的很多物种的情况就十分相似了。我敢大胆地追溯到千万代以前，那时应该有一种具有斑马状条纹的动物，或许在其他方面还有着很不相同的构造，这种动物就是现在的家养马（无论是由一个或多个野生原种所传下来的）、驴、亚洲野驴、斑驴和斑马的共同祖先。

凡是相信马属的各个物种是被上帝独立创造而成的，那么他必定会认为，每一个物种被创造出来时都带有一种倾向，无论是自然条件下还是家养条件下，都具有以这种特殊倾向进行变异的趋势。因此，它们才能和同属的其他物种变得具有相似条纹。而且，任何被创造出来的物种，其产生的杂交后代在条纹方面，并不与双亲相似，而是与同属中的其他物种相似。

我们可以看出，如果承认了这种观点，就等于否认真实的原因，而去用不真实的或不可知的原因去解释该问题。这种观点也使上帝的工作变成了模仿和欺骗。一旦接受这个荒谬的观点，我们就必须和那些顽固守旧又无知的神创论者一起相信，化石中的贝类从未生存过，它们只是存在于石头里的艺术品，是上帝用来模仿在海边生活的贝类的。

总　述

对于变异法则，我们知之甚少，其中能解释的，还达不到世间各类变异的百分之一。但我们运用比较的方法就可以看出，无论是同物种中变种之间的较小差异，还是同属中物种之间的较大差异，似乎都受到同样法则的支配。外界条件的改变通常只会诱发不稳定的变异，但偶尔也会产生直接且定向的变异，而且随着时间的推移，这些变异将会变得更加显著。不过对于这一点，我还没有充分的证据证明。

- 生活习性能引发特殊构造的产生，经常使用的器官能增强，不用的器官会减弱或缩小。——这一结论在绝大多数场合都适用。
- 同源的构造，经常以相同的方式发生变异，并具有合生的倾向。
- 坚硬部分和外面部分的改变，有时会影响相邻的柔软部分和内在部分。
- 特别发达的构造，可以向邻近部分吸取养料；对于那些即便退化也没有损害的构造，就会慢慢消失。
- 个体早期构造的变化常常会影响其后来发育起来的部分。

• 具有相同作用的重复构造在数量和结构上都容易发生变异。面对很多相关变异的实例，我们还无法解释其性质。也许这是因为它们还没有为一些特殊技能而专业化的缘故，所以它们的变异不受自然选择的影响。

• 低等生物与高等生物相比，更易发生变异，因为后者的整个生物体都较为专业化，分工明确。这条与上一条也许都是由相同的原因导致的。

• 无用的退化器官产生变异，因为其没有什么用处，所以不受自然选择控制。

• 种的特征与属的特征相比较，更易变异。

物种特征比属的特征更易发生变异

物种特征是指，物种所表现出来的不同于共同祖先的独有特征。

属的特征是指，从共同祖先那里遗传而来的，并在这一时期没有发生变异的特征。

这些情况都是针对目前依然还在变异的特殊构造和器官来说的，因为它们在近代发生了变异并因此有了一定的区别。不过，该原理似乎对于所有个体都适用，因为在某个区域内，如果我们发现某个属的许多物种在此发生过大量的变异和分化，或是曾经十分活跃地产生了新的物种类型，那么在这个区域内以及这些物种中一定会出现很多的变种。

•第二性征更易发生变异，而且会导致同属的物种之间产生很大的差异。一般情况下，利用同一部分的变异性，可以产生同种生物两性间的第二性征的差别，以及某些同属物种之间的差异。

•将近缘物种的同一构造或器官进行比较，如果某一构造或器官已经达到了异常发达的情况，那么从该属产生以来，一定经历了很多异常变异。

Q：为什么到目前已经发生变异的某一构造或器官还会比其他构造或器官更易发生变异。

A 变异是长期的、持续不断的且较缓慢的过程，所以对于变异倾向，自然选择没有充分的时间去克服它，也没有抑制重现较少变异的趋势。但是，假如某个物种长有异常发达的器官，并随之产生了很多变异的后代（当然，这个过程是长期的、缓慢的），那么无论这个器官是通过什么方式而异常发达，自然选择都会将这个性状固定下来。

•如果对几乎遗传了共同祖先相同体制的近缘物种同时施加相似的作用，我们会发现，它们必定会表现出相似的变异趋势，或者说它们有时重现了古代祖先具有的若干性状。虽然这些返祖和相似变异没有产生重要的新变异，但是这些变异对于增加自然界的奇妙与生物的多样性，还是做出了极大的贡献。

无论后代与亲代之间的每一个细小差异是什么原因造成的（每一个差异背后一定有它的起因），我们可以确信：**任何构造上的、与习性相关的且较重要的变异，都是有利变异经过了缓慢的过程逐渐积累起来的。**